Sandra Yvonne Polowinsky

Ernährung des Sclater's Maki

Sandra Yvonne Polowinsky

Ernährung des Sclater's Maki

Ein Vergleich der Situation in menschlicher Obhut und im Freiland

Südwestdeutscher Verlag für Hochschulschriften

Impressum / Imprint
Bibliografische Information der Deutschen Nationalbibliothek: Die Deutsche Nationalbibliothek verzeichnet diese Publikation in der Deutschen Nationalbibliografie; detaillierte bibliografische Daten sind im Internet über http://dnb.d-nb.de abrufbar.
Alle in diesem Buch genannten Marken und Produktnamen unterliegen warenzeichen-, marken- oder patentrechtlichem Schutz bzw. sind Warenzeichen oder eingetragene Warenzeichen der jeweiligen Inhaber. Die Wiedergabe von Marken, Produktnamen, Gebrauchsnamen, Handelsnamen, Warenbezeichnungen u.s.w. in diesem Werk berechtigt auch ohne besondere Kennzeichnung nicht zu der Annahme, dass solche Namen im Sinne der Warenzeichen- und Markenschutzgesetzgebung als frei zu betrachten wären und daher von jedermann benutzt werden dürften.

Bibliographic information published by the Deutsche Nationalbibliothek: The Deutsche Nationalbibliothek lists this publication in the Deutsche Nationalbibliografie; detailed bibliographic data are available in the Internet at http://dnb.d-nb.de.
Any brand names and product names mentioned in this book are subject to trademark, brand or patent protection and are trademarks or registered trademarks of their respective holders. The use of brand names, product names, common names, trade names, product descriptions etc. even without a particular marking in this work is in no way to be construed to mean that such names may be regarded as unrestricted in respect of trademark and brand protection legislation and could thus be used by anyone.

Verlag / Publisher:
Südwestdeutscher Verlag für Hochschulschriften
ist ein Imprint der / is a trademark of
OmniScriptum GmbH & Co. KG
Heinrich-Böcking-Str. 6-8, 66121 Saarbrücken, Deutschland / Germany
Email: info@svh-verlag.de

Herstellung: siehe letzte Seite /
Printed at: see last page
ISBN: 978-3-8381-1178-0

Zugl. / Approved by: Essen, Universität Duisburg-Essen, Diss., 2008

Jeder dumme Junge kann einen Käfer zertreten.

Aber alle Professoren der Welt können keinen herstellen.

Arthur Schopenhauer

Inhaltsverzeichnis

1 Einleitung

Die Nahrungsaufnahme ist von entscheidender Bedeutung für die Aufrechterhaltung des Energiehaushalts sowie für die strukturelle und funktionelle Integrität eines Organismus. Damit dieser einen ausgewogenen Ernährungszustand aufrechterhalten kann, muss er seinen Energie- und Nährstoffbedarf durch eine entsprechende Nahrungsaufnahme decken. Unter natürlichen Lebensbedingungen gibt es kein zu allen Zeiten im Übermaß vorhandenes Nahrungsangebot, so dass sich die meisten Lebewesen in einem Zustand des latenten oder tatsächlichen Nahrungs- und damit Energiedefizits befinden (ROBBINS 1995; WECHSLER 1998; LAMBERT 1998; KIRCHGESSNER 2004).

In den Anfängen der Wildtierhaltung kam es aufgrund unzureichender Kenntnisse der Nahrungsansprüche vieler Tierarten wiederholt zu ernährungsbedingten Mangelerscheinungen und damit verbundenen gesundheitlichen Problemen wie reduzierter Fertilität, geringerer neonataler Lebensfähigkeit, suboptimaler Milchproduktion, verzögerten Wachstumsraten oder Abnormitäten des Skeletts (OFTEDAL & ALLEN 1996). Im Gegensatz dazu belastet heutzutage vor allem die Überversorgung mit Energie und Nährstoffen das Anpassungspotential vieler Wildtiere in menschlicher Obhut (WEST & YORK 1998; SCHWITZER & KAUMANNS 2001; SCHWITZER 2003). Das Phänomen der Fettleibigkeit, das unter natürlichen Bedingungen allenfalls temporär auftritt und dann einen Überlebensvorteil darstellt, kann, bedingt durch das vielfach permanente Nahrungsüberangebot in menschlicher Obhut, aufgrund seiner gesundheitlichen Auswirkungen zu einem Überlebensnachteil werden.

Die Ernährung von Wildtieren in menschlicher Obhut beruht häufig nicht auf wissenschaftlich fundierten Erkenntnissen, da die hierfür notwendigen Informationen aus Feldstudien vielfach fehlen (OFTEDAL & ALLEN 1996; KAUMANNS *et al.* 2000). HAMPE (1999) weist auf die unbefriedigende wissenschaftliche Basis zur Formulierung angemessener Rationen für Primaten in menschlicher Obhut hin und bemängelt das Fehlen ernährungsphysiologischer Studien. SCHWITZER & KAUMANNS (2003) ergänzen, dass die im Freiland vorherrschenden jahreszeitbedingten Schwankungen in der Verfügbarkeit der Nahrung vieler Primaten kaum im Fütterungsalltag Berücksichtigung finden.

Das Körpergewicht eines Tieres gilt im Allgemeinen als Indikator seines Gesundheitszustands (LEIGH 1994). Der Vergleich der Körpergewichte frei lebender und in menschlicher Obhut gehaltener Primaten, insbesondere Lemuren, bestätigt, dass letztere im Durchschnitt schwerer sind als ihre wilden Artgenossen und zu Fettleibigkeit neigen (SCHAAF & STUART 1983; LEIGH 1994; PEREIRA & POND 1995; TERRANOVA & COFFMAN 1997; SCHWITZER & KAUMANNS 2001; SCHWITZER 2003). TERRANOVA & COFFMAN (1997) stellten im Vergleich der Körpergewichte von frei lebenden und in menschlicher Obhut (Duke University Primate Center) gehaltenen Lemuren signifikante Unterschiede fest. Ferner wurde im Rahmen dieser Studie nach KEMNITZ *et al.* (1989) die Zahl fettleibiger Tiere bestimmt, wobei *Eulemur coronatus* die niedrigste und *Eulemur macaco flavifrons* die höchste Fettleibigkeitsrate aller untersuchten Arten aufwiesen. Untersuchungen von SCHWITZER (2003) an verschiedenen Lemurenarten in europäischen Zoos stützen diese Ergebnisse.

Allgemein werden als mögliche Ursachen für die Entwicklung von Fettleibigkeit bei Haltung in menschlicher Obhut die räumliche Einschränkung und der damit verbundene Bewegungsmangel der Tiere angeführt. Untersuchungen von PEREIRA & POND (1995) sowie TERRANOVA & COFFMAN (1997) kommen jedoch zu dem Ergebnis, dass kein eindeutiger Zusammenhang zwischen Gehegeart und -größe und dem durchschnittlichen Körpergewicht der Tiere festgestellt werden konnte.
Das Alter des Tieres scheint ebenfalls keinen Einfluss auf das Körpergewicht bzw. den Grad der Fettleibigkeit zu haben (TERRANOVA & COFFMAN 1997; SCHWITZER 2003).
PORTUGAL & ASA (1995) stellten fest, dass die hormonelle Verhütung mit Melengestrolacetat (MGA) bei *Papio hamadryas* teils extreme Körpergewichtszunahmen von bis zu 47,6% zur Folge hatte. Sie weisen darauf hin, dass der Einsatz dieser Methode bei Tieren, die zu Übergewicht oder gar Fettleibigkeit neigen, kontraproduktiv ist. Untersuchungen zur hormonellen Verhütung mit Medroxyprogesteronacetat (MPA) bei *Eulemur macaco macaco* (ASA *et al.* 2007) wiesen keine signifikanten Körpergewichtszunahmen nach, wenngleich die Autoren

darauf hinweisen, dass diese bei *Papio hamadryas* erst nach mehrjähriger Anwendung auftraten und somit etwaige Körpergewichtsveränderungen langfristig beobachtet werden müssen. Auch können Unterschiede hinsichtlich der verwendeten Präparate (MGA / MPA) nicht ausgeschlossen werden.

Schließlich spielt die soziale Lebensweise der Primaten eine entscheidende Rolle; um Nahrungskonkurrenz und daraus resultierende Konflikte zu vermindern, werden Primaten in menschlicher Obhut häufig große Nahrungsmengen angeboten. Auf diese Weise können selbst rangniedere Tiere ihren Bedarf decken; ranghohen Tieren wird jedoch eine Nahrungsaufnahme über den Bedarf hinaus ermöglicht.

Einen weiteren Erklärungsansatz liefert der für Säugetiere ungewöhnlich niedrige Grundumsatz (= Basal Metabolic Rate) aller bislang daraufhin untersuchten Lemuren (McCORMICK 1981; MÜLLER 1983; DANIELS 1984; RICHARD & NICOLL 1987; SCHMID & GANZHORN 1996; für eine Übersicht siehe auch: ROSS 1992). Die bedarfsgerechte Versorgung der Tiere nach KLEIBER (1932) und STAHL (1967) führt dementsprechend zwangsläufig zu einer Überversorgung, die auf lange Sicht eine vermehrte Fettakkumulation bis hin zur Fettleibigkeit zur Folge hat (WECHSLER 1998; SCHWITZER 2003). WRIGHT (1999) wertet die auffallend niedrige BMR vieler Lemuren als Anpassung an ihren stark saisonalen Lebensraum, der die Nahrungsversorgung unvorhersehbar macht. SCHWITZER (2003) vermutet, dass die Nahrungsaufnahme von Tieren, die an Lebensräume mit langen Perioden des Nahrungsmangels angepasst sind, eher von der Verfügbarkeit der Nahrung als von intrinsischen Mechanismen reguliert wird. Er beobachtete, dass Lemuren energiereiche Nahrung auch in Zeiten eines reichen Nahrungsangebotes bevorzugen. Dieses Nahrungswahlverhalten verstärkt die Problematik in menschlicher Obhut, in der stabile Klima- und teils superoptimale Fütterungsbedingungen vorherrschen.

MAROLF *et al.* (2007) beobachtete eine für Lemuren untypische Verschiebung der Dominanzverhältnisse zugunsten eines übergewichtigen *Eulemur coronatus*-Männchens, das sich jedoch nach Gewichtsverlust des Männchens wieder normalisierte.

PEREIRA & POND (1995) stellten fest, dass die bei einigen Lemurenarten in menschlicher Obhut auftretende Fettleibigkeit extrem – ein von ihnen sezierter *Eulemur mongoz* - Kadaver wies den höchsten Grad an Fettleibigkeit im Vergleich zu allen anderen untersuchten Primaten auf – und beinahe stets mit einem ausbleibenden Fortpflanzungserfolg verbunden ist. SCHAAF & STUART (1983) sowie TERRANOVA & COFFMAN (1997) machten ähnliche Beobachtungen, wenngleich sie einräumten, dass der Zusammenhang zwischen Fettleibigkeit und Fortpflanzung bislang nur unzureichend geklärt sei. Letztere vermuteten, dass Fettleibigkeit allgemein in Wechselwirkung mit der Gesamt-Physiologie und folglich Aktivität eines Tieres steht, was sich wiederum auf den Fortpflanzungserfolg bzw. -misserfolg auswirkt.

Vor diesem Hintergrund erlangt die Fettleibigkeitsproblematik besondere Bedeutung in Anbetracht von *ex situ* Zuchtprogrammen; ihr Ziel ist der Erhalt, vor allem jedoch der Aufbau lebensfähiger Reservepopulationen von besonders gefährdeten Tierarten, die bei Bedarf wieder in ihrem natürlichen bzw. ursprünglichen Verbreitungsgebiet angesiedelt werden können. *Ex situ* Populationen sind, bedingt durch die teils äußerst geringe Zahl von Gründertieren (beispielsweise EEP *Eulemur macaco flavifrons*: 4,4, von denen nur 3,3 erfolgreich züchteten), in einem besonderen Maße anfällig für Inzucht und genetische Verarmung. Dementsprechend kommt der Fortpflanzung eines jeden Individuums in der Zoo-Population eine besondere Bedeutung zu. Zudem schränkt ein hoher Grad an fettleibigen Tieren in *ex situ* Reservepopulationen besonders gefährdeter Tierarten deren Fähigkeit, mit den Bedingungen ihrer natürlichen Habitate fertigzuwerden und damit ihre Eignung für Wiederansiedlungsprojekte enorm ein.

Ziel der geplanten Studie

Sowohl die Untersuchungen von TERRANOVA & COFFMAN (1997) als auch von SCHWITZER (2003) weisen *Eulemur macaco flavifrons* als die Lemurenart mit der höchsten Fettleibigkeitsrate in menschlicher Obhut aus, wohingegen deutlich weniger der untersuchten *Eulemur coronatus* fettleibig waren. Es stellt sich nun die Frage, ob es sich bei den Ergebnissen von TERRANOVA & COFFMAN (1997) und SCHWITZER (2003) um Ausnahmen handelt und ob Ursachen für die hohe Fettleibigkeitsrate von *Eulemur macaco flavifrons* im Vergleich zu *Eulemur coronatus* auszumachen sind. Ziel der geplanten Studie ist, den Kenntnisstand zur Nahrungsökologie des Sclater's Maki (*Eulemur macaco flavifrons*) zu erweitern und die Ernährung dieser Art in menschlicher Obhut zu optimieren.

Wenngleich Studien an *ex situ*-Populationen aufgrund der kleinen Stichprobengröße nur Modellcharakter haben können, so bieten sie gleichwohl die Möglichkeit, Untersuchungen durchzuführen, die im Freiland nicht praktikabel sind. Die Verknüpfung der *in situ* sowie *ex situ* Studien ermöglicht somit eine Vervollständigung der Daten und gestattet erstmalig, ein umfassendes Bild der Nahrungsökologie von *Eulemur macaco flavifrons* zu zeichnen. Ferner können die Ergebnisse dieser Studien helfen, eine Zoo-Diät für *Eulemur macaco flavifrons* zu entwerfen, die eher den natürlichen Ansprüchen dieser Art entspricht. Hierdurch wird eine langfristige Optimierung des Erhaltungszuchtprogrammes möglich.

Folgende Themenkomplexe und Fragestellungen werden bearbeitet:

- Erfassung der saisonalen Körpergewichtsentwicklung von *Eulemur macaco flavifrons* in menschlicher Obhut
- Erfassung von Körpergewichtsdaten von *Eulemur macaco flavifrons* und *Eulemur coronatus* in menschlicher Obhut in unterschiedlichen Institutionen
- Bestimmung der Fettleibigkeitsraten von *Eulemur macaco flavifrons* sowie von *Eulemur coronatus* in menschlicher Obhut in unterschiedlichen Institutionen
- Erfassung der saisonalen Futteraufnahme von *Eulemur macaco flavifrons* in menschlicher Obhut
- Beschreibung des Futterangebots und der Futteraufnahme auf Nährstoffbasis von *Eulemur macaco flavifrons* sowie von *Eulemur coronatus* in menschlicher Obhut in unterschiedlichen Institutionen
- Durchführung von Verdaulichkeitsstudien an *Eulemur macaco flavifrons* sowie an *Eulemur coronatus* in menschlicher Obhut in unterschiedlichen Institutionen
- Beschreibung des Futterangebots auf Nährstoffbasis von *Eulemur macaco flavifrons* im Freiland
- Vergleich des Futterangebots auf Nährstoffbasis von *Eulemur macaco flavifrons* in menschlicher Obhut und im Freiland
- Formulierung einer Ration für *Eulemur macaco flavifrons* auf wissenschaftlicher Basis unter Berücksichtigung der Erkenntnisse der Freilandstudie

1.1 Der Sclater's Maki (*Eulemur macaco flavifrons*)

1.1.1 Systematische Einordnung und Morphologie des Sclater's Maki

Eulemur macaco ist eine von zehn Arten innerhalb der Gattung *Eulemur* (Echte Lemuren) und schließt die zwei Unterarten *Eulemur macaco macaco* (Mohrenmaki) und *Eulemur macaco flavifrons* (Sclater's Maki) ein. Die taxonomische Gültigkeit der 1983 nach über einem Jahrhundert Ungewissheit von KOENDERS *et al.* (1985) wieder entdeckten Unterart *E. m. flavifrons* wurde unabhängig voneinander von RABARIVOLA (1998) und PASTORINI (2000) bestätigt. Der Sclater's Maki ist ein mittelgroßer Vertreter der Familie Lemuridae mit einer Körperlänge von 39 – 45 cm, einer Schwanzlänge von 51 – 65 cm und einem Körpergewicht von durchschnittlich 1,8 – 1,9 kg (MITTERMEIER *et al.* 2006). Ein auffälliges Merkmal der Art *Eulemur macaco* ist die unterschiedliche Fellfärbung der Geschlechter (sexueller Dichromatismus): männliche Tiere sind schwarz gefärbt, weibliche Tiere weisen eine honigbraune Färbung auf. Charakteristisch für beide Geschlechter sind die auffallend blau bis blau-grau gefärbten Augen.

Abbildung 1.1: Männlicher Sclater's Maki (links) und weiblicher Sclater's Maki (rechts) Illustrationen von Stephen D. Nash (aus MITTERMEIER *et al.* 2006)

1.1.2 Natürliche Verbreitung und Schutzstatus des Sclater's Maki

Die geographische Verbreitung des Sclater's Maki beschränkt sich auf ein sehr kleines Gebiet von circa 2700 km² im Nordwesten Madagaskars, limitiert durch die Flüsse Andranomalaza im Norden, Maevarano im Süden und Sandrakota im Osten

(MEYERS *et al.* 1989; RABARIVOLA *et al.* 1991; MEIER *et al.* 1996; MITTERMEIER *et al.* 2006). *E. m. flavifrons* findet man nur noch in den zum Teil laubabwerfenden Wäldern auf und östlich der Sahamalaza-Halbinsel (Province Autonome de Mahajanga, Region Sofia), einer Übergangszone zwischen der im Norden gelegenen Sambirano-Region und dem im Süden befindlichen laubabwerfenden Trockenwald West-Madagaskars. Es handelt sich jedoch nicht mehr um große, zusammenhängende Primärwaldgebiete, sondern lediglich um Primär- und Sekundärwald-Fragmente, die durch eine nur mit Büschen und Sträuchern bestandene Gras-Savanne getrennt sind (SCHWITZER *et al.* 2007a; SCHWITZER *et al.* 2007b). 2001 wurde dieser Region der Status eines UNESCO Biosphärenreservats zuerkannt; seit 2007 existiert der Nationalpark „Sahamalaza – Iles Radama", Nordwest-Madagaskar.

Untersuchungen von ANDRIANJAKARIVELO (2004) und SCHWITZER *et al.* (2005) schätzen die aktuelle *E. m. flavifrons* - Population auf 2780 bis 6950 Tiere. Der durch Bejagung und Zerstörung seines Lebensraums bedrohte Sclater's Maki wird seit 1993 von der Artenschutzabteilung der Naturschutzbehörde der Vereinten Nationen IUCN (The World Conservation Union) in die höchste Gefährdungskategorie „Vom Aussterben bedroht [CR A2cd]" eingestuft (MITTERMEIER *et al.* 2006).

1.1.3 Nahrungsökologie des Sclater's Maki

Eulemur macaco flavifrons wird, ähnlich wie *Eulemur macaco macaco* (ANDREWS & BIRKINSHAW 1998; SIMMEN *et al.* 2007), als Nahrungsgeneralist eingeordnet. Erste Auswertungen der Beobachtungen von SCHWITZER *et al.* (2006) bestätigen ein breites Nahrungsspektrum, das je nach Jahreszeit und Verfügbarkeit der jeweiligen Ressource variiert. Neben dem Verzehr von Früchten und Blättern wurden die Lemuren bei der Jagd nach Insekten, aber auch beim Auflecken von Insektenabsonderungen beobachtet. Sie ergänzten ihren Speiseplan mit Pilzen, Knospen, Blüten, Nektar, dem Mark hölzerner Pflanzenstiele sowie Erde (SCHWITZER *et al.* 2006).

1.1.4 Haltung des Sclater's Maki in zoologischen Gärten

Die europäische Zoopopulation von *Eulemur macaco flavifrons* ist in ein europäisches Erhaltungszuchtprogramm (EEP) eingebunden und umfasst derzeit 30 Tiere (P. MOISSON, Zuchtbuchführer, pers. Mitt. 2008). Das Zuchtbuch wird vom Parc Zoologique et Botanique de Mulhouse (Frankreich) koordiniert. Alle

Einrichtungen, die den Sclater's Maki halten, sind Mitglied in AEECL, der Association Européenne pour l'Etude et la Conservation des Lémuriens, und haben sich verpflichtet, das Freilandprojekt „Programme Sahamalaza“ mit finanziellen Mitteln zu unterstützen und somit zum Erhalt dieser hochbedrohten Lemurenart beizutragen.

1.2 Der Kronenmaki (*Eulemur coronatus*)

1.2.1 Systematische Einordnung und Morphologie des Kronenmaki

Eulemur coronatus ist eine von zehn Arten innerhalb der Gattung *Eulemur* (Echte Lemuren). Der Kronenmaki ist mit einer Körperlänge von 34 – 36 cm, einer Schwanzlänge von 41 – 49 cm und einem Körpergewicht von durchschnittlich 1,1 – 1,3 kg (TERRANOVA & COFFMAN 1997; MITTERMEIER *et al.* 2006) der kleinste Vertreter der Familie Lemuridae. Kronenmakis zeigen – ebenso wie Sclater's Makis – sexuellen Dichromatismus. Die männlichen Tiere besitzen ein rot-braunes Fell sowie eine schwarze, dreieckige Kopfzeichnung. Die Weibchen besitzen ein graues, am Rücken leicht rötliches Fell. Auch sie besitzen eine v-förmige Kopfzeichnung; diese ist jedoch im Gegensatz zur Kopfzeichnung der Männchen rot-braun gefärbt.

Abbildung 1.2: Männlicher Kronenmaki (links) und weiblicher Kronenmaki (rechts) Illustrationen von Stephen D. Nash (aus MITTERMEIER *et al.* 2006)

1.2.2 Natürliche Verbreitung und Schutzstatus des Kronenmaki

Die geographische Verbreitung von *Eulemur coronatus* dehnt sich von der Cap d'Ambre-Halbinsel im äußersten Norden Madagaskars in südlicher Richtung entlang des Ostufers des Mahavavy-Flusses bis hinter Ambilobe aus. Der östliche Teil der Ausbreitung erstreckt sich südlich entlang des Manambato-Flusses, südlich von Daraina, bis nördlich von Sambava. Kronenmakis leben in allen auf der Cap d'Ambre-Halbinsel verfügbaren Waldtypen vom wechselfeuchten bis trockenen Tiefland auf Meeresniveau bis in mittelhohe Wälder (bis 1400 m Höhe) (MITTERMEIER *et al.* 2006).

Die geschätzten Populationsdichten schwanken zwischen 21 – 25 Individuen/km² bzw. 77 Individuen/km² im Analamerana Special Reserve, 104 Individuen/km² in den Feuchtwäldern der Montagne d'Ambre und 221 Individuen/km² im Ankarana Special Reserve (BANKS 2005; ARBELOT-TRACQUI 1983; FOWLER *et al.* 1989 zitiert nach MITTERMEIER *et al.* 2006; WILSON *et al.* 1989). Die Gesamtpopulation wird auf 10000 bis 100000 Tiere geschätzt (MITTERMEIER *et al.* 1994). *Eulemur coronatus* wird von der IUCN (The World Conservation Union) in die Gefährdungskategorie „Gefährdet [VU B1ab(iii, v)]" eingestuft (MITTERMEIER *et al.* 2006).

1.2.3 Nahrungsökologie des Kronenmaki

Den Großteil der Nahrung von *Eulemur coronatus* machen Früchte aus; diese Diät wird durch junge Blätter, Blüten, Pollen und gelegentlich Insekten ergänzt (MITTERMEIER *et al.* 2006). Nach WILSON *et al.* (1989) fraßen die Tiere während ihrer Studie, die am Ende der sechsmonatigen Trockenzeit durchgeführt wurde, Blätter nur in den Wäldern, in denen Früchte selten waren. Sie vermuteten, dass große Mengen an Blättern nur dann gefressen werden können, wenn ausreichend Wasser für stoffwechselphysiologische Entgiftung zur Verfügung steht. Demzufolge ist die augenscheinliche Vorliebe für Früchte durch den Mangel an Oberflächenwasser während der Trockenzeit in Ankarana zu erklären.

1.2.4 Haltung des Kronenmaki in zoologischen Gärten

Die europäische Zoopopulation von *Eulemur coronatus* ist in ein europäisches Erhaltungszuchtprogramm (EEP) eingebunden und umfasst derzeit 34 Tiere (P. MOISSON, Zuchtbuchführer, pers. Mitt. 2008). Das Zuchtbuch wird vom Parc Zoologique et Botanique de Mulhouse (Frankreich) koordiniert.

2 Tiere, Materialien und Methoden

Die Studie wurde schwerpunktmäßig im Zoo Köln (Deutschland) durchgeführt. Hier wurden über einen Zeitraum von einem Jahr (06/2004 - 06/2005) Daten erhoben. Neben dem Zoo Köln wurde der Parc Zoologique et Botanique de Mulhouse, Sud-Alsace (Frankreich) in die Studie miteinbezogen (05/2006 - 06/2006). In beiden Einrichtungen wurde sowohl mit Sclater's Makis (*Eulemur macaco flavifrons*) als auch mit Kronenmakis (*Eulemur coronatus*) gearbeitet.

Des Weiteren gingen Daten aus einer Freilanduntersuchung zur Nahrungsökologie des Sclater's Maki mit in diese Untersuchung ein.

2.1 Zoostudien

2.1.1 Tiere, Haltung und tägliches Management

2.1.1.1 Zoo Köln

Im Zoo Köln wurden eine Gruppe Sclater's Makis (1 Männchen, 3 Weibchen) sowie eine Gruppe Kronenmakis (1,2) in die Studie einbezogen.

Tabelle 2.1: Daten der in die Studie einbezogenen Tiere, Zoo Köln

Art	Hausname	Geschlecht	Geburtsdatum	Geburtsort	Gruppe
Eulemur macaco flavifrons	Mynos	♂	26.09.1997	Mulhouse	K1 SM
Eulemur macaco flavifrons	Gigi	♀	22.03.1995 ✝ 03.03.2005	Köln	K1 SM
Eulemur macaco flavifrons	Gipsy	♀	21.03.2002	Köln	K1 SM
Eulemur macaco flavifrons	Gana	♀	24.02.2004	Köln	K1 SM
Eulemur coronatus	Lothar	♂	01.05.1983	Köln	K2 KM
Eulemur coronatus	Odile	♀	22.04.1998	Mulhouse	K2 KM
Eulemur coronatus	Olivia	♀	06.07.2002	Köln	K2 KM

Beiden Gruppen standen sowohl ein Innen- als auch ein Außengehege mit einer Grundfläche von je 5,0 m² und einer Höhe von 2,5 m (Innengehege) bzw. 3 m (Außengehege) zur Verfügung, die über vergitterte Laufbretter miteinander verbunden waren. Der Boden der Innengehege war mit Heu ausgelegt, während die Außengehege mit Erde, Steinen und Anpflanzungen ausgestattet waren.

Die Innen- und Außengehege waren mit Schlafboxen, Hängematten, Sitzbrettern und Klettermöglichkeiten in Form von Bäumen, Ästen, Schaukeln und Seilen versehen.
Die Tierpfleger begannen morgens zwischen 6:00 Uhr und 8:00 Uhr mit den Reinigungsarbeiten in den Innengehegen. Anschließend wurden die Außengehege gesäubert. Die Tiere hielten sich währenddessen in den „tierpflegerfreien" Gehegen auf.
Abgesehen von den zuvor beschriebenen Reinigungsarbeiten oder gelegentlichen Umbaumaßnahmen hatten die Tiere sowohl tagsüber als auch nachts die Möglichkeit, jederzeit nach Belieben zwischen dem Innen- und Außengehege zu wechseln.
Die Tiere wurden entsprechend des Fütterungsplans gegen 9:00 Uhr, 10:30 Uhr, 12:00 Uhr, 13:30 Uhr und 16:00 Uhr gefüttert, wobei es sich bei der Fütterung um 16:00 Uhr um die Hauptfütterung handelte.

Tabelle 2.2: Fütterungsplan 2004 / 2005 Lemuren, Zoo Köln

	Montag	**Dienstag**	**Mittwoch**	**Donnerstag**	**Freitag**	**Samstag**	**Sonntag**
9:00	Pellets Sorte 3*	Pellets Sorte 1*	Pellets Sorte 3*	Pellets Sorte 2*	Pellets Sorte 1*	Pellets Sorte 3*	Pellets Sorte 2*
10:30	Kohlrabi	Apfel	Salatgurke	Knollen-sellerie	Paprika	Kartoffel (gekocht)	Schwarz-wurzel Fenchel
12:00a	Brei*	Brei*	Brei*	Brei*	Brei*	Brei*	Brei*
12:00b	Brei*	Zucchini	Möhre	Tomate	Aubergine	Zwiebel Lauch	Chicoree
13:30	Sämereien*	Pellets Sorte 4*	Zwieback*	Erdnüsse*	Knäckebrot*	Sämereien*	Pellets Sorte 4*
16:00	Obst, Gemüse	Obst, Gemüse	Obst, Gemüse	Obst, Gemüse	Obst, Gemüse	Obst, Gemüse	Obst, Gemüse

12:00a Bis einschließlich September 2004 12:00b Ab Oktober 2004
*Herstellerangaben befinden sich im Anhang Tabelle 7.8

Die für die Fütterungen verwendeten Futtermittel, überwiegend Obst und Gemüse, wurden zunächst gewaschen. Anschließend wurde der Abfall (= nicht essbarer Anteil) entfernt, d.h. gekochte Kartoffeln und Eier wurden geschält, Kern- und Steinobst, aber auch beispielsweise Paprika wurden entkernt bzw. entsteint. Schließlich wurden alle Futtermittel in mundgerechte Stücke zerkleinert.

Eine ausführliche Auflistung aller im Zoo Köln verwendeten Futtermittel befindet sich im Anhang (Tabelle 7.7); hier befinden sich auch die Herstellerangaben der industriell hergestellten Futtermittel (Tabelle 7.8).

Das Futter wurde ausschließlich in den Innengehegen angeboten. Mit Ausnahme der Hauptfütterung, die entsprechend der Anzahl der Tiere einer Gruppe auf mehrere Näpfe aufgeteilt wurde, wurden alle anderen Futtermittel im Gehege verstreut angeboten. Etwaige Futterreste wurden am folgenden Tag mit der morgendlichen Reinigung aus den Gehegen entfernt (Ausnahme: Die Breinäpfe wurden noch am gleichen Tag entfernt).

2.1.1.2 Zoo Mulhouse

Im Zoo Mulhouse wurde die Datenaufnahme an drei Gruppen Sclater's Makis (2,1; 1,1; 1,1) sowie drei Gruppen Kronenmakis (2,2; 2,1; 3,2) durchgeführt.

Tabelle 2.3: Daten der in die Studie einbezogenen Tiere, Zoo Mulhouse

Art	Hausname	Geschlecht	Geburtsdatum	Geburtsort	Gruppe
Eulemur macaco flavifrons	Olivier	♂	24.03.1998	Mulhouse	M1 SM
Eulemur macaco flavifrons	Sidoine	♀	03.04.1993	Strassbourg	M1 SM
Eulemur macaco flavifrons	Attila	♂	28.02.2005	Mulhouse	M1 SM
Eulemur macaco flavifrons	Kimjung	♂	31.03.1987	Strassbourg	M2 SM
Eulemur macaco flavifrons	Bernadette	♀	Wildfang 1986	Madagaskar	M2 SM
Eulemur macaco flavifrons	Bobby	♂	17.03.1996	Köln	MQ SM
Eulemur macaco flavifrons	Saartje	♀	Wildfang 1984	Madagaskar	MQ SM
Eulemur coronatus	Eloi	♂	Wildfang	Madagaskar	M3 KM
Eulemur coronatus	Pia	♀	18.07.1999	Mulhouse	M3 KM
Eulemur coronatus	Antares	♂	17.05.2005	Mulhouse	M3 KM
Eulemur coronatus	Andromede	♀	17.05.2005	Mulhouse	M3 KM
Eulemur coronatus	Pauline	♀	20.04.1999	Mulhouse	M4 KM
Eulemur coronatus	Altair	♂	01.06.2005	Mulhouse	M4 KM
Eulemur coronatus	Aldebaran	♂	01.06.2005	Mulhouse	M4 KM
Eulemur coronatus	Felix	♂	30.04.1993	Mulhouse	M5 KM
Eulemur coronatus	Julie	♀	07.06.1994	Mulhouse	M5 KM
Eulemur coronatus	Ugo	♂	29.04.2003	Mulhouse	M5 KM
Eulemur coronatus	Verona	♀	30.07.2004	Mulhouse	M5 KM
Eulemur coronatus	Atlas	♂	06.06.2005	Mulhouse	M5 KM

Allen Gruppen standen ein Innengehege und mindestens halbtags ein Außengehege zur Verfügung, die über vergitterte Laufbretter miteinander verbunden waren (Ausnahme: Der Gruppe MQ SM stand zum Zeitpunkt der Datenaufnahme nur ein Innengehege (Grundfläche: 15 m², Höhe 3m) zur Verfügung). Die Innengehege waren mit Sitzbrettern und Ästen als Klettermöglichkeit versehen, während die Außengehege mit Erde, Anpflanzungen, teils Rasen, Bäumen, Ästen, Hängematten und Seilen ausgestattet waren. Die Gehegegrößen variierten; die Außengehege hatten eine Grundfläche von 12,6 bis 23,8 m² und eine Höhe von 2,3 m, während die Innengehege eine Grundfläche von 2,5 bis 5,0 m² sowie eine Höhe von 2,0 m besaßen.

Die Tiere der Gruppe M5 KM nutzten ihr Außengehege allein, während die Gruppen M1 SM und M2 SM sowie die Gruppen M3 KM und M4 KM sich ein Außengehege teilten. So nutzte eine Gruppe, beispielsweise M1 SM, vormittags das Außengehege, während sich die Gruppe M2 SM in ihrem Innengehege befand. Gegen Mittag bzw. am frühen Nachmittag wurde gewechselt und die Gruppe M2 SM nutzte nun das zuvor von der Gruppe M1 SM genutzte Außengehege, während diese bis zum nächsten Morgen in ihr Innengehege zurückkehrte.

Die Tierpfleger begannen morgens gegen 6:00 Uhr mit den Reinigungsarbeiten in den Innengehegen, während die Tiere in den Außengehegen waren. Die Außengehege wurden in den Nachmittagsstunden in Anwesenheit der Tiere gesäubert.

Im Gegensatz zu der Haltung im Zoo Köln hatten die Tiere keine Wahlmöglichkeit zwischen dem Innen- und Außengehege, sondern waren tagsüber im Außen- und nachmittags bzw. nachts im Innengehege untergebracht.

Tabelle 2.4: Fütterungsplan 2006 Lemuren, Zoo Mulhouse

	Montag	**Dienstag**	**Mittwoch**	**Donnerstag**	**Freitag**	**Samstag**	**Sonntag**
6:00	Pellets*	Pellets*	Pellets*	Pellets*	Pellets*	Pellets*	Pellets*
13:00 bis 17:00	Obst, Gemüse, Simial**, Pain au lait***	Obst, Gemüse, Simial**, Pain au lait***	Obst, Gemüse, Simial**, Pain au lait***	Obst, Gemüse, Simial**, Pain au lait***	Obst, Gemüse, Simial**, Pain au lait***	Obst, Gemüse, Simial**, Pain au lait***	Obst, Gemüse, Simial**, Pain au lait***

*Herstellerangaben befinden sich im Anhang Tabelle 7.15 **Simial ist ein Futterzusatz *** Mix aus getrocknetem Weißbrot, Milchpulver, einem Vitaminpräparat (= Vitapaulia M) und Wasser

Die Fütterung bestand morgens gegen 6:00 Uhr aus pelletierten Futtermitteln (= Pellets), deren Menge sich nach Art und Gruppengröße richtete (Kronenmakis: pro Tier 10 g, Sclater's Makis: pro Tier 15 g). Die eigentliche Hauptfütterung wurde den Tieren ausschließlich in den Innengehegen angeboten und variierte bezüglich des Zeitpunktes zwischen mittags und (spät) nachmittags, je nachdem, ob die Tiere halb- oder ganztags im Außengehege verweilten. Die für die Hauptfütterung verwendeten Futtermittel, überwiegend Obst und Gemüse, wurden zunächst gewaschen und anschließend zerkleinert. Im Gegensatz zu der im Zoo Köln üblichen Zubereitungsweise wurden lediglich schadhafte Stellen von den Futtermitteln entfernt, so dass diese nahezu komplett, d.h. inklusive Kerngehäuse etc., verfüttert wurden. Zusätzlich wurden ein Futterzusatz in Pulverform (= Simial Pulver) sowie „Pain au lait", ein Mix aus getrocknetem Weißbrot, Milchpulver, einem Vitaminpräparat (= Vitapaulia M) und Wasser, mit der Hauptfütterung verabreicht. Eine ausführliche Auflistung aller im Zoo Mulhouse verwendeten Futtermittel befindet sich im Anhang (Tabelle 7.14); hier befinden sich auch die Herstellerangaben der industriell hergestellten Futtermittel (Tabelle 7.15; vgl. GOMIS 2007).

2.1.2 Ermittlung der Körpergewichte

Die Körpergewichte der Tiere wurden mit Hilfe einer Waage (Zoo Köln: Kern DE15k5 max. 15 kg; Zoo Mulhouse: Mettler Toledo, Viper SW3 max. 3 kg) auf 5 g (Zoo Köln) bzw. 1 g (Zoo Mulhouse) genau ermittelt.

Im Zoo Köln wurden die Tiere über einen Zeitraum von einem Jahr wöchentlich, mindestens jedoch monatlich gewogen. Im Zoo Mulhouse wurden die Körpergewichte einmalig ermittelt. Zusätzlich standen Gewichtsdaten aus vorherigen Untersuchungen zur Verfügung.

Es wurden nur Körpergewichtsdaten von erwachsenen Tieren, von denen das exakte Alter und das Geschlecht bekannt waren, in die Auswertung einbezogen. Weibliche Tiere, die zum Zeitpunkt der Wägung trächtig waren, wurden in den folgenden Auswertungen nicht berücksichtigt; gleiches traf auch auf Jungtiere zu. Als Jungtiere galten alle Tiere, die zum Zeitpunkt der Datenaufnahme unter 2 Jahre alt waren.

Ferner wurde die Fettleibigkeitsrate nach KEMNITZ *et al.* (1989) bestimmt, wonach alle Tiere als fettleibig eingestuft wurden, deren durchschnittliches Körpergewicht das mittlere Freilandkörpergewicht plus die zweifache Standardabweichung überschritt (Sclater's Makis: 1793 g + (2 * 209 g) = 2211 g; Kronenmakis: 1177 g + (2 * 224 g) = 1625 g basierend auf den Daten von TERRANOVA & COFFMAN 1997). In diesem

Zusammenhang wurde auch festgestellt, um wie viel Prozent die Tiere den auf den Daten von TERRANOVA & COFFMAN (1997) basierenden Grenzwert überschritten (Maß für die Fettleibigkeit des jeweiligen Tieres).

2.1.3 Bestimmung der Futteraufnahme

Im Zoo Köln wurde über einen Zeitraum von einem Jahr jede zweite Woche eine im Mittel fünftägige Quantifizierung der Futteraufnahme der Sclater's Makis durchgeführt. Insgesamt wurden an 140 Tagen Daten aufgenommen, wobei darauf geachtet wurde, dass alle Wochentage gleichermaßen repräsentiert waren. Menge und Art der aufgenommenen Nahrung wurden auf Gruppenebene aufgezeichnet. Für die Untersuchung auf Gruppenebene wurden die pro Gruppe täglich angebotene Nahrung eingewogen und die Überreste am gleichen bzw. am folgenden Tag zurück gewogen. Daraus wurde die tatsächliche Nahrungsaufnahme berechnet (Waage: Kern 440 - 47 max. 1200 g). Ferner wurde die Trockenmasse (vgl. 2.1.5.1) aller Futtermittel ermittelt (Kern 440 - 33 max. 200 g).

Im Zoo Mulhouse wurden im Rahmen der Verdaulichkeitsuntersuchungen Menge und Art der aufgenommenen Nahrung auf Gruppenebene aufgezeichnet (siehe oben) (Waage: Mettler Toledo, Viper SW3 max. 3 kg). Ferner wurde auch hier die Trockenmasse aller Futtermittel ermittelt (Mettler Toledo AE100 max. 100 g).

2.1.4 Bestimmung der Verdaulichkeit

Im Zoo Köln wurden vierteljährlich Verdaulichkeitsuntersuchungen bei Sclater's Makis und Kronenmakis durchgeführt. Die Zeiträume, in denen die Verdaulichkeitsuntersuchungen stattfanden, wurden so gewählt, dass die Studie in der Mitte der jeweiligen (kalendarischen) Jahreszeit durchgeführt wurde (Sommer 2004 (24.08.- 07.09.04), Herbst 2004 (16. - 29.11.04), Winter 2005 (14. - 27.02.05), Frühling 2005 (16. - 29.05.05); 2 Gruppen mit jeweils vier Sammelphasen).

Im Zoo Mulhouse wurde bei den Sclater's Maki- und Kronenmaki-Gruppen jeweils eine Verdaulichkeitsuntersuchung durchgeführt (Mai / Juni 2006; 6 Gruppen mit jeweils einer Sammelphase).

Bei diesen Verdaulichkeitsstudien wurden die täglich aufgenommene Nahrungsmenge (vgl. 2.1.3) und die täglich abgegebene Kotmenge der Tiere über einen Zeitraum von 14 Tagen mittels Wägung (Waage: Kern 440 - 47 max. 1200 g) quantifiziert.

Die Verdaulichkeit wurde aus der gemessenen Futteraufnahme und Kotproduktion mit Hilfe der folgenden Formel bestimmt:

$$VQ = \frac{(I - F)}{I} * 100$$

VQ	Verdaulichkeitsquotient [%]
I	Mit dem Futter aufgenommene Menge eines Nährstoffs [g/d]
F	Mit dem Kot ausgeschiedene Menge eines Nährstoffs [g/d]

2.1.4.1 Sammeln der Kotproben

Es wurde jeden Morgen vor dem Reinigen des Geheges der Kot einer Gruppe vollständig gesammelt und gewogen. Aus jeder Sammelphase lagen folglich insgesamt 14 Einzel-Tagesproben pro Gruppe vor, die bis zur Analyse bei –18℃ gelagert wurden. Neben diesen Einzel-Tagesproben wurde nach Beendigung der Datenaufnahme im Labor eine Mischprobe für die jeweilige Gruppe und Sammelphase nach folgender Vorgehensweise erstellt: Die ersten 5 Einzel-Tagesproben (= Eingewöhnungsphase) einer Sammelphase wurden verworfen. Von den übrigen 9 Einzel-Tagesproben wurde die Hälfte grammgenau abgewogen und zu einer Mischprobe vereint.

2.1.4.2 Erstellen der Futterproben

Neben den Kotproben wurden täglich Proben der verwendeten Futtermittel genommen. Diese wurden entsprechend der an die Tiere verfütterten Futtermittel zubereitet (vgl. 2.1.1). Anschließend wurden die so vorbereiteten Proben bis zur chemischen Analyse bei –18℃ aufbewahrt.

Im Zoo Köln wurden aufgrund der hohen Vielfalt nicht alle Futtermittel als Einzelproben analysiert. Hier wurde folgende Unterteilung vorgenommen:

Die Proben derjenigen Futtermittel, deren Anteil an der Gesamtnahrung der jeweiligen Sammelphase über 3% lag, wurden als Einzelproben analysiert. Dies bedeutet, dass die Tagesproben des jeweiligen Futtermittels einer Sammelphase im Labor zu einer Probe vereint und beispielsweise als Probe „Möhre, Sammelphase 1 Sommer 2004“ analysiert wurden.

Die Proben der Futtermittel, deren Anteil an der Gesamtnahrung der jeweiligen Sammelphase unter 3% lag, wurden mit Futtermitteln gleicher Futtermittelkategorie (vgl. SOUCI *et al.* 2000) der jeweiligen Sammelphase vereint und als Mischproben analysiert. Bei der Erstellung der Mischproben wurden die unterschiedlichen Anteile

der jeweiligen Futtermittel an der Gesamtnahrung der jeweiligen Sammelphase berücksichtigt. Mischprobe 1 umfasste Futtermittel, die den Futtermittelkategorien Gemüse- und Hülsenfrüchte zugeordnet werden können. Mischprobe 2 beinhaltete die Getreideprodukte. Mischprobe 3 schloss Futtermittel der Futtermittelkategorien Blatt-, Stängel-, Blüten-, Wurzel- und Knollengemüse ein. Mischprobe 4 beinhaltete Obstsorten. Diese Einteilung wurde einmalig festgelegt und in allen vier Sammelphasen beibehalten. Bedingt durch das saisonal schwankende Angebot erschien diese Einteilung in vier Mischproben sinnvoll, denn einige Futtermittelkategorien waren mit nur einem Futtermittel vertreten, das mitunter nur einmal in der gesamten Sammelphase verfüttert wurde.
Mit diesem Verfahren konnten durchschnittlich 80% der Futtermittel einer Sammelphase als Einzelprobe analysiert werden. Im Anhang befindet sich eine genaue Aufstellung aller Proben (Tabelle 7.10 bis 7.13).
Die Proben der Futtermittel des Zoo Mulhouse wurden alle als Einzelprobe analysiert. Im Anhang befindet sich eine genaue Aufstellung aller analysierten Proben (Tabelle 7.17).

2.1.5 Bestimmung der Nährstoffe

Die chemischen Analysen der Proben wurden am Institut für Tierwissenschaften, Abteilung Tierernährung der Landwirtschaftlichen Fakultät der Rheinischen Friedrich-Wilhelm-Universität, Bonn, nach den VDLUFA-Methoden (NAUMANN & BASSLER 1976) durchgeführt.

2.1.5.1 Aufbereitung der Proben

Die Kot- und Futterproben wurden zunächst gefriergetrocknet (Christ Alpha 1-4 LSC Pumpe Vacubrand RZ5, Osterode am Harz, Deutschland) und anschließend mit einer Zentrifugalmühle Siebgröße 1 mm (Modell ZM1, Firma Retsch, Haan, Deutschland) gemahlen. Die auf diese Weise aufbereiteten Proben wurden bis zum Beginn der Analysen bei Zimmertemperatur in wiederverschließbaren Plastikbehältern aufbewahrt.

2.1.5.2 Nährstoffanalysen

Der <u>Trockenmassegehalt</u> (kurz: T) der Proben wurde durch Bestimmung des Gewichtsverlustes nach dem Trocknen in einem Trockenschrank bis zur

Gewichtskonstanz bestimmt (NAUMANN & BASSLER 1976: 3.1 Bestimmung der Feuchtigkeit (Amtliche Methode), VDLUFA-Methodenbuch).

Der Rohaschegehalt (kurz: XA) der Proben wurde durch Bestimmung des Gewichtsverlustes nach dem Veraschen in einem Muffelofen bei 550°C bestimmt (NAUMANN & BASSLER 1976: 8.1 Bestimmung der Rohasche (Amtliche Methode), VDLUFA-Methodenbuch).

Mit Hilfe der Detergenzienfaseranalysen wurden der Gehalt von NDF (Neutral Detergent Fiber = Hemicellulose + Cellulose + Lignin), ADF (Acid Detergent Fiber = Cellulose + Lignin) und ADL (Acid Detergent Lignin = Lignin) in den Proben bestimmt. Der Aufschluss erfolgte sequenziell, d.h. mit einer Probe konnten alle drei Analysen in der Reihenfolge NDF – ADF – ADL durchgeführt werden. Vorteilhaft war in diesem Zusammenhang, dass der ADF-Gehalt nicht durch Substanzen wie beispielsweise Pektine, die sich in der NDF-Lösung besser lösen als in der ADF-Lösung, überschätzt wurde.
Der Gehalt an NDF wurde durch Bestimmung des Gewichtsverlustes der Probe nach dem Kochen in pH-neutraler Detergenzienlösung ermittelt. Vor dem Erhitzen der Probe mit NDF-Lösung wurden bei stärkereichen Proben 300 µl hitzestabile Amylase (α-Amylase from *Bacillus licheniformis*, heat-stable, solution, For use in Total Dietary Fiber Assay, TDF-100A, Sigma-Aldrich Chemie GmbH) zugesetzt.
Der Gehalt an ADF wurde durch Bestimmung des Gewichtsverlustes der Probe nach dem Kochen in pH-saurer Detergenzienlösung ermittelt.
Der Gehalt an ADL wurde durch Bestimmung des Gewichtsverlustes der Probe nach dreistündigem Versetzen mit 72%iger Schwefelsäure ermittelt.
Nach der ADL-Analyse wurden die Proben verascht und der Ascherückstand von den NDF-, ADF- und ADL-Rückständen abgezogen.
Die Analysen erfolgten mit dem FibreBag System der Firma Gerhardt, Bonn (VAN SOEST 1991).

Der Rohproteingehalt (kurz: N*6,25) wurde nach der Dumas-Verbrennungsmethode mit einem Gerät des Typ FP-328 der Firma Leco (St. Joseph, Michigan, USA) bestimmt. Die Probe wurde in einem Trägergasstrom unter Sauerstoffzufuhr bei etwa 1000°C verbrannt. Nach der Reduktion gebildeter Stickoxide zu molekularem

Stickstoff und der Entfernung anderer Verbrennungsprodukte durch selektive Absorption wurde der molekulare Stickstoff mit einem Wärmeleitfähigkeitsdetektoren erfasst. Die Auswertung erfolgte über die geräteinterne Software. Der Rohproteingehalt wurde unter Berücksichtigung eines Umrechnungsfaktors (6,25) aus dem ermittelten Gesamtstickstoffgehalt berechnet (NAUMANN & BASSLER 1976: 4.1.2 Bestimmung von Rohprotein mittels Dumas-Verbrennungsmethode (Verbandsmethode), VDLUFA-Methodenbuch).

Für die Rohfettbestimmung (kurz: XL) der Proben wurde zunächst eine Vorextraktion mit Petrolether durchgeführt, die die Fette erfasste, die außerhalb der Zellen vorhanden waren. Anschließend erfolgte eine Hydrolyse mit Salzsäure, um die Zellen aufzuschließen und das Fett in den Zellen verfügbar zu machen. Abschließend wurde erneut eine Extraktion mit Petrolether durchgeführt (NAUMANN & BASSLER 1976: 5.1.1 Bestimmung von Rohfett (Amtliche Methode), VDLUFA-Methodenbuch).

Der Bruttoenergiegehalt (kurz: GE) der Proben wurde mittels Bombenkalorimetrie mit einem Gerät des Typ C4000 adiabatic der Firma IKA (Staufen, Deutschland) ermittelt.

Neben den auf eigenen Analysen beruhenden Nährstoff- bzw. GE-Gehalt-Angaben werden im Ergebnisteil der NFC-Wert und der Energiegehalt angegeben. Es handelt sich hierbei um rechnerische Größen nach SOUCI *et al.* 2000, die wie folgt ermittelt wurden:

Der NFC-Wert (Nicht-Faser Kohlenhydrate) lässt sich nach folgender Formel ermitteln: 1000 – (XA + XL + N*6,25 + NDF).

Der Energiegehalt wurde aus den Mengen der Energie liefernden Hauptbestandteile Protein, Fett und Nicht-Faser Kohlenhydrate (NFC) durch Multiplikation mit den entsprechenden Brennfaktoren (Protein 17 kJ, Fett 37 kJ, Nicht-Faser Kohlenhydrate 17 kJ) und anschließende Aufsummierung berechnet.
Die Angabe des Energiegehaltes war notwendig, da teils äußerst wenig Probenmaterial vorhanden war (vgl. 2.2.3.2), so dass nur in wenigen Fällen der Bruttoenergiegehalt analytisch ermittelt werden konnte.

2.1.6 Statistische Auswertung der Daten

Die statistischen Auswertungen wurden mit Hilfe der Programme Microsoft Excel Office XP sowie Sigma Plot 10.0 kombiniert mit Sigma Stat 3.5 durchgeführt.

Die *ex situ* Daten erfüllten die für parametrische Tests erforderlichen Bedingungen, so dass hier parametrische Verfahren Anwendung fanden (vgl. Kapitel 3.1). Als deskriptive Parameter wurden bei der Verwendung parametrischer Tests Mittelwerte sowie Standardabweichungen angegeben. Es wurden T-TEST (Vergleich von zwei Stichproben) und einfaktorielle Varianzanalyse, kurz ANOVA (Vergleich mehrerer Stichproben) angewandt, wobei bei letzterer zusätzlich die HOLM-SIDAK-Methode zur Ableitung, welche Stichprobe sich von welcher anderen Stichprobe signifikant unterschied, verwendet wurde. Das Signifikanzniveau wurde festgelegt auf $\alpha = 0{,}05$.

2.2 Freilandstudien

2.2.1 Studiengebiet

Die Studie wurde im Wald von Ankarafa durchgeführt, der sich auf der Sahamalaza-Halbinsel im Südwesten des UNESCO Biosphärenreservats und Nationalparks „Sahamalaza – Iles Radama“, Nordwest-Madagaskar (13°52'S und 14°27'S Breite und 45°38'O and 47°46'O Länge) befindet. Die Sahamalaza-Halbinsel ist Teil der Province Autonome de Mahajanga, Region Sofia. Der Ankarafa-Wald beinhaltet Primärwald- und Sekundärwald-Fragmente und beherbergt eine der wahrscheinlich größten frei lebenden Sclater's Maki-Populationen (SCHWITZER *et al.* 2005). Es handelt sich jedoch nicht mehr um große, zusammenhängende Primärwaldgebiete, sondern lediglich um Fragmente. Die Primärwald- und Sekundärwald-Fragmente sind durch eine nur mit Büschen und Sträuchern bestandene Grass-Savanne getrennt. Das Alter der Sekundärwald-Fragmente kann mit 35 Jahren angegeben werden (SCHWITZER *et al.* 2007a; SCHWITZER *et al.* 2007b).

Das Klima ist streng saisonal mit einer kalten Trockenzeit von Mai bis Oktober und einer heißen Regenzeit von November bis April.

Die durchschnittliche Niederschlagsmenge liegt bei 1600 mm pro Jahr; die stärksten Regenfälle finden im Januar und Februar statt. Die durchschnittlichen Monatstemperaturen reichen von 20,6 °C im August bis 32 °C im November; die Jahresdurchschnittstemperatur liegt bei 28 °C (SCHWITZER *et al.* 2007a; SCHWITZER *et al.* 2007b).

2.2.2 Bestimmung der Futterpflanzen

Vier Sclater's Maki-Gruppen in zwei verschiedenen Wald-Fragmenten - einem Primärwald- und einem Sekundärwald-Fragment - des Ankarafa-Waldes wurden zwischen Juli 2004 und Juli 2005 acht Monate lang jeweils für 24 h pro Monat beobachtet (SCHWITZER *et al.* 2007a; SCHWITZER *et al.* 2007b). Es wurde notiert, von welchen Bäumen die Tiere welche Teile fraßen. Diese Futterbäume wurden gekennzeichnet, so dass im Anschluss an die Beobachtungen Proben der verzehrten Pflanzenteile genommen werden konnten. Neben den während der Beobachtungszeit ermittelten Futterbäumen wurden Proben *ad libitum* von allen Pflanzen genommen, von denen die Studiengruppen fraßen. Ebenso wurden Proben von Pflanzen genommen, von denen man zu keinem Zeitpunkt Tiere fressen sah. Neben der Information, ob die Pflanze von den Tieren gefressen oder nicht gefressen wurde, wurden weitere Angaben zum Zeitpunkt der Sammlung (Regenzeit: November bis April bzw. Trockenzeit: Mai bis Oktober), zum Standort (Primärwaldpflanze und/oder Sekundärwaldpflanze) sowie zu den gefressenen Pflanzenteilen selbst (Früchte, Blätter) erfasst.
Die Datenaufnahme sowie das Sammeln von Probenmaterial wurden von Christoph und Nora Schwitzer sowie deren Feldassistenten durchgeführt.

2.2.2.1 Erstellen und Aufbereitung der Proben im Freiland

Von allen Pflanzen wurde Probenmaterial für Laboranalysen sowie für Bestimmungszwecke (Herbarium) gesammelt.
Die Herbariumsproben wurden von Monsieur Roland und Monsieur Frank vom Départment de Flore, Parc Botanique et Zoologique de Tsimbazaza, Antananarivo, Madagascar bis zur Artebene bestimmt.
Die Proben der madagassischen Pflanzen, die für die Laboranalysen vorgesehen waren, wurden in einem Solar-Trockenschrank bei circa 60 – 80 °C bis zur Gewichtskonstanz getrocknet und in mit Klebeband versiegelten Plastikbehältern bei Umgebungstemperatur bis zur Aufbereitung im Labor aufbewahrt.

2.2.3 Bestimmung der Nährstoffe

Die chemischen Analysen der Proben wurden am Institut für Tierwissenschaften, Abteilung Tierernährung der Landwirtschaftlichen Fakultät der Rheinischen Friedrich-Wilhelm-Universität, Bonn, nach den VDLUFA-Methoden (NAUMANN & BASSLER 1976) durchgeführt.

2.2.3.1 Aufbereitung der Proben im Labor

Die im Freiland getrockneten Proben der madagassischen Futterpflanzen wurden mit einer Zentrifugalmühle Siebgröße 1 mm (Modell ZM1, Firma Retsch, Haan, Deutschland) gemahlen. Die auf diese Weise aufbereiteten Proben wurden bis zum Beginn der Analysen bei Zimmertemperatur in wieder verschließbaren Plastikbehältern aufbewahrt.

2.2.3.2 Nährstoffanalysen

Die Proben der madagassischen Futterpflanzen wurden nach den gleichen Methoden wie die Proben der Zoostudien analysiert (siehe 2.1.5.2).
Da in einigen Fällen äußerst wenig Probenmaterial vorhanden war, konnten nicht für alle Proben alle Analysen durchgeführt werden. In den meisten Fällen konnten die Analysen XA, NDF, ADF, ADL sowie N*6,25 durchgeführt werden. Lediglich die Analysen XL und Bruttoenergiegehalt, die einen verhältnismäßig großen Materialeinsatz fordern, konnten nur eingeschränkt durchgeführt werden (vgl. Tabelle 7.18 im Anhang).

2.2.4 Statistische Auswertung der Daten

Die statistischen Auswertungen wurden mit Hilfe der Programme Microsoft Excel Office XP sowie Sigma Plot 10.0 kombiniert mit Sigma Stat 3.5 durchgeführt.
Die *in situ* Daten erfüllten die für parametrische Tests erforderlichen Bedingungen in einigen Fällen, jedoch gab es auch Ausnahmen, so dass an dieser Stelle auf nicht-parametrische Verfahren zurückgegriffen wurde (vgl. Kapitel 3.2). Als deskriptive Parameter wurden bei der Verwendung nicht-parametrischer Tests Mediane sowie obere und untere Quartile angegeben. Es wurden MANN-WHITNEY-U TEST (Vergleich von zwei Stichproben) und KRUSKAL-WALLIS (Vergleich mehrerer Stichproben) angewandt, wobei bei letzterem zusätzlich die DUNN'S-Methode zur Ableitung, welche Stichprobe sich von welcher anderen Stichprobe signifikant unterschied, verwendet wurde. Das Signifikanzniveau wurde festgelegt auf $\alpha = 0,05$.

3 Ergebnisse

3.1 Zoostudien

3.1.1 Körpergewichte

3.1.1.1 Zoo Köln

Im Zoo Köln wurden die Tiere über einen Zeitraum von einem Jahr wöchentlich, mindestens jedoch monatlich gewogen. Eine vollständige Auflistung der Einzel-Daten befindet sich im Anhang (Tabellen 7.1, 7.2).

Das Körpergewicht des Jungtieres (grau unterlegt) wird der Vollständigkeit halber mit aufgeführt, jedoch nicht in die Auswertung miteinbezogen.

Tabelle 3.1: Mittlere Körpergewichte (± Standardabweichung) der Tiere im Zoo Köln (Jungtier grau unterlegt)

Art	Hausname	Geschlecht	Körpergewicht* [g]
Eulemur macaco flavifrons	Mynos	♂	3044 (± 145,2)
Eulemur macaco flavifrons	Gigi	♀	2726 (± 282,2)
Eulemur macaco flavifrons	Gipsy	♀	2878 (± 208,0)
Eulemur macaco flavifrons	Gana	♀	2265
Eulemur coronatus	Lothar	♂	2074 (± 64,2)
Eulemur coronatus	Odile	♀	2197 (± 199,4)
Eulemur coronatus	Olivia	♀	2240 (± 98,4)

*Körpergewicht = Mittelwert aller erhobenen Körpergewichtsdaten (± Standardabweichung)

Tabelle 3.1 zeigt die Mittelwerte aller erhobenen Körpergewichtsdaten der im Zoo Köln in die Untersuchung einbezogenen Tiere. Das für das Jungtier angegebene Körpergewicht entspricht der im Rahmen der Datenaufnahme letzten Wägung. Das Alter des Jungtieres betrug zu diesem Zeitpunkt 17 Monate.

Die Bestimmung der Fettleibigkeit ergab, dass nach der Definition von KEMNITZ *et al.* (1989) alle im Zoo Köln lebenden Tiere fettleibig waren. Die Fettleibigkeitsrate lag dementsprechend sowohl für *Eulemur macaco flavifrons* als auch für *Eulemur coronatus* bei 100%.

Berechnet man nun, um wie viel Prozent die Tiere den auf den Daten von TERRANOVA & COFFMAN (1997) basierenden Grenzwert überschritten, so ergaben sich folgende Werte: Mynos 37,0%, Gigi 23,3%, Gipsy 30,2%, Lothar 27,6%, Odile 35,2% und Olivia 37,8%.

Tabelle 3.2 zeigt die entsprechend der Art und dem Geschlecht der Tiere zusammengefassten Mittelwerte der Körpergewichtsdaten. Die weiblichen *Eulemur flavifrons* wogen durchschnittlich 2,802 kg, während das Körpergewicht des Männchens bei 3,044 kg lag. Bei *Eulemur coronatus* wogen das Männchen 2,074 kg und die Weibchen 2,219 kg. Während im Zoo Köln das Männchen bei *Eulemur macaco flavifrons* schwerer war als die Weibchen, waren die weiblichen Tiere bei *Eulemur coronatus* schwerer als das Männchen. Aufgrund der äußerst kleinen Stichproben sind an dieser Stelle nicht die Voraussetzungen zur Anwendung statistischer Methoden zur Absicherung der Ergebnisse gegeben.

Tabelle 3.2: Mittlere Körpergewichte (± Standardabweichung) der Tiere im Zoo Köln nach Geschlecht und Art sortiert

Art	Geschlecht	Körpergewicht* [g]	N**
Eulemur macaco flavifrons	♂	3044	1
Eulemur macaco flavifrons	♀	2802 (± 107,5)	2
Eulemur coronatus	♂	2074	1
Eulemur coronatus	♀	2219 (± 30,4)	2

*Körpergewicht = Mittelwert aller erhobenen Körpergewichtsdaten (± Standardabweichung)

**N = Anzahl der Individuen

Saisonale Aspekte der Körpergewichtsentwicklung

Da im Zoo Köln über einen Zeitraum von einem Jahr Daten zur Körpergewichtsentwicklung der Sclater's Makis aufgezeichnet wurden, sind hier Betrachtungen zur Saisonalität möglich.

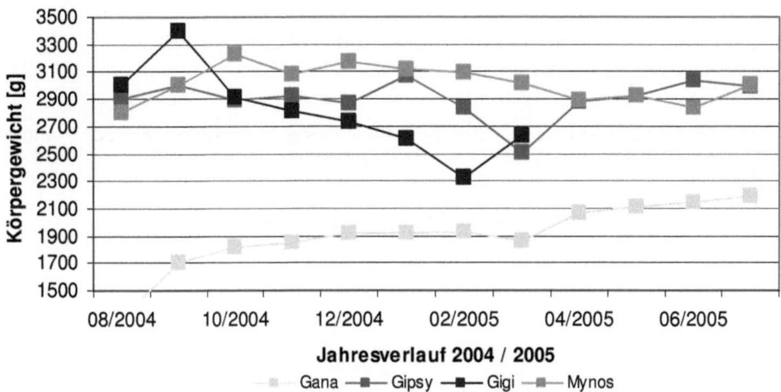

Abbildung 3.1: Jahresverlauf der Körpergewichte der Sclater's Makis Gana, Gipsy, Gigi und Mynos im Zoo Köln (Monatsmittelwerte)

In Abbildung 3.1 ist der Jahresverlauf der Körpergewichtsentwicklung in Form von Monatsmittelwerten dargestellt. Während das Körpergewicht des sich im Wachstum befindlichen Jungtiers Gana stetig zunahm, schwankten die Körpergewichte der erwachsenen Tiere im Monatsvergleich, ohne jedoch eindeutige Tendenzen aufzuweisen. Das Körpergewicht des Männchens Mynos unterlag nur geringen Schwankungen, während die Körpergewichte der ausgewachsenen Weibchen Gigi und Gipsy auffälligere Schwankungen aufwiesen. Besonders ausgeprägt war dies beim dominanten Weibchen Gigi, die im September 2004 mit 3400 g ihr Höchstgewicht, fünf Monate später im Februar 2005 mit einem mittleren Körpergewicht von 2322 g ihr niedrigstes Gewicht verzeichnete.

3.1.1.2 Zoo Mulhouse

Im Zoo Mulhouse wurden die Körpergewichte aller an der Untersuchung beteiligten Tiere einmalig ermittelt. Zusätzlich standen für einige Tiere Gewichtsdaten aus vorherigen Untersuchungen zur Verfügung. Eine vollständige Auflistung der Einzel-Daten befindet sich im Anhang (Tabellen 7.3, 7.4).

Die Körpergewichte der Jungtiere (grau unterlegt) werden der Vollständigkeit halber mit aufgeführt, wurden jedoch nicht in die Auswertung miteinbezogen.

Tabelle 3.3: Mittlere Körpergewichte (± Standardabweichung) der Tiere im Zoo Mulhouse (Jungtiere grau unterlegt)

Art	Hausname	Geschlecht	Körpergewicht* [g]
Eulemur macaco flavifrons	Olivier	♂	2309 (± 102,4)
Eulemur macaco flavifrons	Sidoine	♀	2240 (± 238,5)
Eulemur macaco flavifrons	Attila	♂	1672
Eulemur macaco flavifrons	Kimjung	♂	2420 (± 49,4)
Eulemur macaco flavifrons	Bernadette	♀	2469 (± 215,8)
Eulemur macaco flavifrons	Bobby	♂	2596 (± 6,4)
Eulemur macaco flavifrons	Saartje	♀	2820 (± 87,0)
Eulemur coronatus	Eloi	♂	1554
Eulemur coronatus	Pia**	♀	1348 (± 24,7)
Eulemur coronatus	Antares	♂	636
Eulemur coronatus	Andromede	♀	750
Eulemur coronatus	Pauline	♀	1254
Eulemur coronatus	Altair	♂	818
Eulemur coronatus	Aldebaran	♂	818
Eulemur coronatus	Felix	♂	1402 (± 53,7)
Eulemur coronatus	Julie	♀	1482 (± 19,7)
Eulemur coronatus	Ugo	♂	1310
Eulemur coronatus	Verona	♀	KA***
Eulemur coronatus	Atlas	♂	KA***

*Körpergewicht = Mittelwert aller erhobenen Körpergewichtsdaten (± Standardabweichung)

**Pia war bei der letzten Wägung trächtig, so dass hier nur die vorherigen Daten berücksichtigt wurden (vgl. Übersicht Anhang Tabelle 7.4)

***KA = Hier konnte das Körpergewicht nicht bestimmt werden.

Tabelle 3.3 zeigt die Mittelwerte aller vorhandenen Körpergewichtsdaten der im Zoo Mulhouse in die Untersuchung einbezogenen Tiere.

Die für die Jungtiere angegebenen Körpergewichte entsprechen den im Rahmen der Datenaufnahme letzten Wägungen. Das Alter der Jungtiere betrug zu diesem Zeitpunkt: Attila: 15 $^1/_2$ Monate; Antares: 13 Monate; Andromede: 13 Monate; Altair: 12 $^1/_2$ Monate; Aldebaran: 12 $^1/_2$ Monate; Verona: 22 $^1/_2$ Monate; Atlas: 12 $^1/_2$ Monate. Die Bestimmung der Fettleibigkeit ergab, dass nach der Definition von KEMNITZ *et al.* (1989) alle im Zoo Mulhouse lebenden Sclater's Makis fettleibig waren. Die Fettleibigkeitsrate für *Eulemur macaco flavifrons* lag dementsprechend bei 100%. Die Untersuchung der Körpergewichtsdaten der im Zoo Mulhouse lebenden Kronenmakis ergab, dass keines der Tiere fettleibig war.

Berechnet man nun, um wie viel Prozent die Tiere den auf den Daten von TERRANOVA & COFFMAN (1997) basierenden Grenzwert überschritten, so ergaben sich folgende Werte: Olivier 4,4%, Sidoine 1,3%, Kimjung 9,5%, Bernadette 11,7%, Bobby 16,2% und Saartje 27,5%.

Tabelle 3.4: Mittlere Körpergewichte (± Standardabweichung) der Tiere im Zoo Mulhouse nach Geschlecht und Art sortiert

Art	Geschlecht	Körpergewicht* [g]	N**
Eulemur macaco flavifrons	♂	2442 (± 144,7)	3
Eulemur macaco flavifrons	♀	2510 (± 292,1)	3
Eulemur coronatus	♂	1422 (± 123,2)	3
Eulemur coronatus	♀	1361 (± 114,6)	3

*Körpergewicht = Mittelwert aller erhobenen Körpergewichtsdaten (± Standardabweichung)

**N = Anzahl der Individuen

Tabelle 3.4 zeigt die entsprechend der Art und dem Geschlecht der Tiere zusammengefassten Mittelwerte der Körpergewichtsdaten. Die Weibchen von *Eulemur macaco flavifrons* wogen durchschnittlich 2,510 kg, während das mittlere Körpergewicht der männlichen *Eulemur macaco flavifrons* bei 2,442 kg lag. Bei *Eulemur coronatus* wogen die Männchen durchschnittlich 1,422 kg und die Weibchen im Mittel 1,361 kg. Im Zoo Mulhouse waren die Männchen sowohl bei *Eulemur macaco flavifrons* als auch bei *Eulemur coronatus* geringfügig schwerer; die Unterschiede zwischen Männchen und Weibchen der jeweiligen Art sind jedoch nicht signifikant (T-TEST: Sclater's Makis: t= -0,361, FG= 4, p= 0,736; Kronenmakis: t= 0,624, FG= 4, p= 0,566).

3.1.1.3 Vergleich Zoo Köln und Zoo Mulhouse

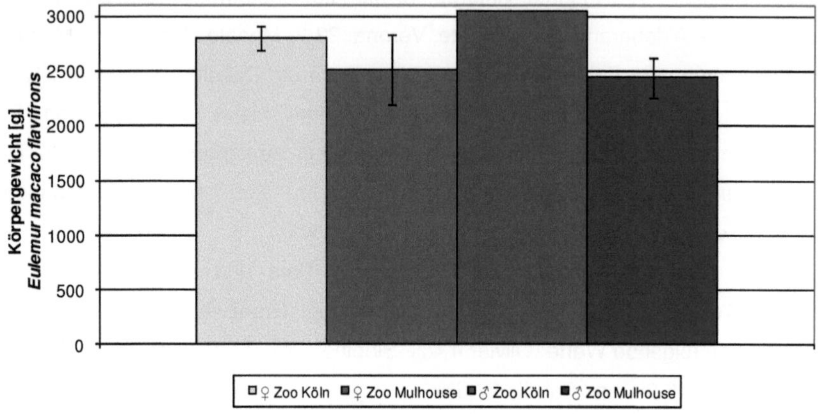

Abbildung 3.2: Vergleich der mittleren Körpergewichte (± Standardabweichung) der Sclater's Makis im Zoo Köln mit denen der Tiere im Zoo Mulhouse

Der Vergleich der mittleren Körpergewichte der Sclater's Makis im Zoo Köln und Zoo Mulhouse zeigt, dass die Tiere im Zoo Köln signifikant schwerer waren als die Tiere im Zoo Mulhouse (T-TEST: t= 2,930, FG= 7, p= 0,022). Auch bei Kombination der Körpergewichtsdaten aus dem Zoo Köln mit denen aus dem Zoo Mulhouse konnten keinerlei geschlechtsspezifische Gewichtsunterschiede innerhalb der untersuchten *Eulemur macaco flavifrons* festgestellt werden (T-TEST: t= -0,175, FG= 7, p= 0,866).

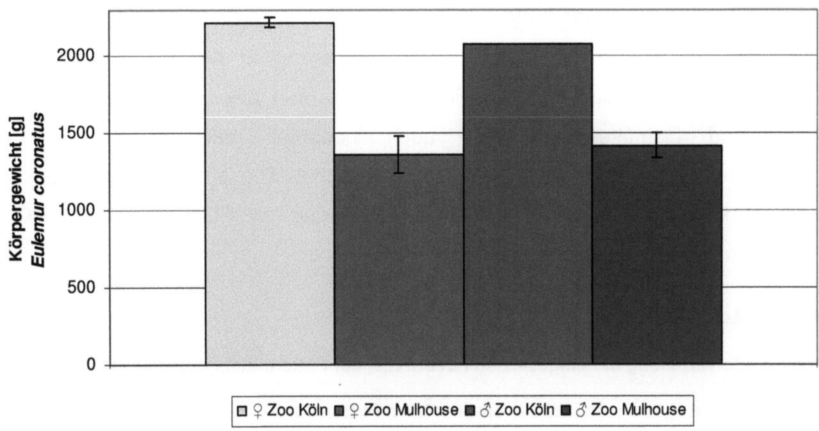

Abbildung 3.3: Vergleich der mittleren Körpergewichte (± Standardabweichung) der Kronenmakis im Zoo Köln mit denen der Tiere im Zoo Mulhouse

Der Vergleich der mittleren Körpergewichte der Kronenmakis im Zoo Köln und Zoo Mulhouse zeigt, dass die Tiere im Zoo Köln signifikant schwerer waren als die Tiere im Zoo Mulhouse (T-TEST: t= 10,500, FG= 7, p= <0,001). Auch bei Kombination der Körpergewichtsdaten aus dem Zoo Köln mit denen aus dem Zoo Mulhouse konnten keinerlei geschlechtsspezifische Gewichtsunterschiede innerhalb der untersuchten *Eulemur coronatus* festgestellt werden (T-TEST: t= -0,419, FG= 7, p= 0,688).

3.1.2 Eingesetzte Futtermittel

Die erste wichtige Information über die Fütterung in einem Zoo stellen die verwendeten Futtermittel dar. Als Futtermittel werden alle als Futter eingesetzten Obst- und Gemüsesorten, aber auch industriell gefertigte Produkte wie beispielsweise Knäckebrot oder Pellets bezeichnet. Die eingesetzten Futtermittel wurden der Übersichtlichkeit halber in Anlehnung an SOUCI *et al.* (2000) in Futtermittelkategorien eingeteilt.

3.1.2.1 Zoo Köln

Tabelle 3.5: Verteilung der eingesetzten Futtermittel auf Futtermittelkategorien im Zoo Köln

Futtermittelkategorie	Anzahl der eingesetzten Futtermittel
Früchte	20
Gemüse	41
Sämereien	1
Brei	2
Eiprodukte	1
Getreideprodukte	6
Pelletierte Futtermittel	4

Im Zoo Köln wurden während der zwölfmonatigen Datenaufnahme 75 verschiedene Futtermittel eingesetzt, die 7 Futtermittelkategorien zugeordnet wurden. Die Futtermittelkategorien Früchte und Gemüse deckten rund 81% der Futtermittel-Vielfalt ab, während die restlichen fünf Futtermittelkategorien zusammen lediglich 19% ausmachten. Eine vollständige Auflistung aller eingesetzten Futtermittel sowie ihre Zuordnung in die jeweilige Futtermittelkategorie befindet sich im Anhang (Zoo Köln: Tabelle 7.7).

3.1.2.2 Zoo Mulhouse

Tabelle 3.6: Verteilung der eingesetzten Futtermittel auf Futtermittelkategorien im Zoo Mulhouse

Futtermittelkategorie	Anzahl der eingesetzten Futtermittel
Früchte	11
Gemüse	18
Getreideprodukte	1
Futterzusatz	1
Pelletierte Futtermittel	1

Im Zoo Mulhouse wurden während der sechswöchigen Datenaufnahme 32 verschiedene Futtermittel eingesetzt, die 5 Futtermittelkategorien zugeordnet wurden. Die Futtermittelkategorien Früchte und Gemüse deckten rund 91% der Futtermittel-Vielfalt ab, während die restlichen drei Futtermittelkategorien mit jeweils einem Futtermittel lediglich 9% ausmachten. Eine vollständige Auflistung aller eingesetzten Futtermittel sowie ihre Zuordnung in die jeweilige Futtermittelkategorie befindet sich im Anhang (Zoo Mulhouse: Tabelle 7.14).

3.1.2.3 Vergleich Zoo Köln und Zoo Mulhouse

Der Vergleich der im Zoo Köln und im Zoo Mulhouse eingesetzten Futtermittel zeigt, dass einige Futtermittel nur in einer der beiden Einrichtungen Verwendung fanden; so wurden im Zoo Mulhouse weder Sämereien noch Brei oder Eier verfüttert, während man im Zoo Köln auf einen Futterzusatz, wie beispielsweise Simial, verzichtete. Die Futtermittelkategorien, deren Futtermittel in beiden Zoos eingesetzt wurden, unterscheiden sich insgesamt in ihrer Vielgestaltigkeit (man darf jedoch nicht außer Acht lassen, dass die 75 verschiedenen Futtermittel im Zoo Köln im Vergleich zu nur 32 im Zoo Mulhouse eher auf die unterschiedlich langen Datenaufnahmephasen als auf einen strengeren Diätplan zurückzuführen sind).

3.1.3 Futteraufnahme und Futterzusammensetzung

3.1.3.1 Zoo Köln

Im Zoo Köln wurden über einen Zeitraum von einem Jahr an 140 Tagen Daten zur Futteraufnahme der Sclater's Makis und vergleichend an 55 Tagen Daten zur Futteraufnahme der Kronenmakis aufgenommen.

Eulemur macaco flavifrons (Gruppe K1 SM) nahmen pro Tag durchschnittlich 86,4% der angebotenen 247,7 g T (± 46,7) auf, d.h. die durchschnittliche Futteraufnahme der Gruppe lag bei 214,1 g T (± 40,7).
Eulemur coronatus (Gruppe K2 KM) nahmen pro Tag durchschnittlich 76,8% der angebotenen 209,2 g T (± 42,8) auf, d.h. die durchschnittliche Futteraufnahme der Gruppe lag bei 160,7g T (± 29,1).

Tabelle 3.7: Mittlere Futteraufnahme (± Standardabweichung) pro Tier und Tag im Zoo Köln

Gruppe	Futteraufnahme [g T/d]	Futteraufnahme [g T/(kg $LM^{0,75}$ * d)]
K1 SM	59,6 (± 10,7)	28,3 (± 5,2)
K2 KM	53,5 (± 9,7)	30,0 (± 5,4)

T = Trockenmasse d = Tag kg $LM^{0,75}$ = Metabolisches Körpergewicht

Die durchschnittliche Futteraufnahme pro Tier und Tag lag bei den Tieren der Gruppe K1 SM bei 59,6 g T (± 10,7) und bei Tieren der Gruppe K2 KM bei 53,5 g T (± 9,7). Die durchschnittlichen Futteraufnahmen pro Tier und Tag der Gruppen K1 SM und K2 KM unterscheiden sich signifikant voneinander (T-TEST: t= 2,870, FG= 193, p= 0,005).
Bezogen auf das metabolische Körpergewicht (Mittelwert der metabolischen Körpergewichte der Tiere der jeweiligen Gruppe) ergab sich eine Futteraufnahme von 28,3 g T (± 5,2) für die Tiere der Gruppe K1 SM und eine Futteraufnahme von 30,0 g T (± 5,4) für die Tiere der Gruppe K2 KM. Die durchschnittlichen Futteraufnahmen pro Tier und Tag bezogen auf das metabolische Körpergewicht der Gruppen K1 SM und K2 KM unterscheiden sich signifikant voneinander (T-TEST: t= -1,992, FG= 193, p= 0,048).

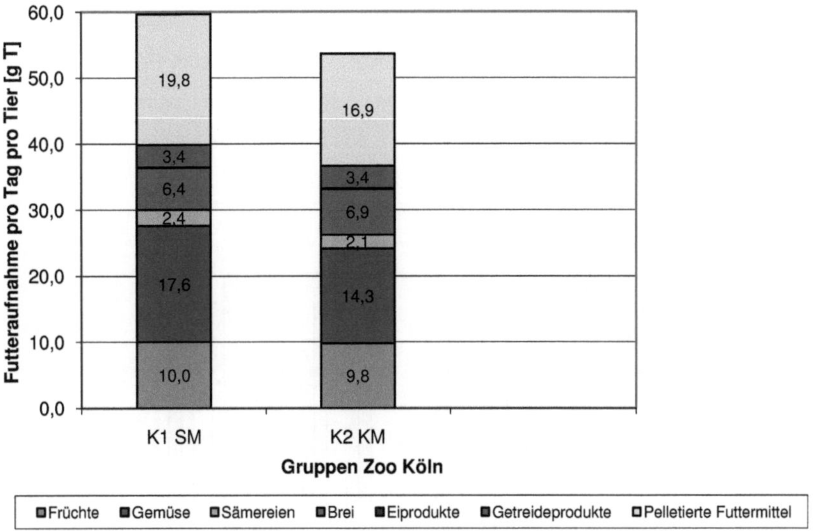

Abbildung 3.4: Durchschnittliche Zusammensetzung der täglichen Futteraufnahme pro Tier im Zoo Köln

Die pelletierten Futtermittel stellten mit 19,8 g T (K1 SM) bzw. 16,9 g T (K2 KM) den größten Anteil der täglichen Ration. Dies entsprach einem prozentualen Anteil von 33% (K1 SM) bzw. 32% (K2 KM) an der Gesamtnahrung der jeweiligen Gruppe. Den zweitgrößten Anteil machten Futtermittel der Futtermittelkategorie Gemüse aus. Die Tiere der Gruppe K1 SM nahmen durchschnittlich 17,6 g T pro Tag zu sich; dies entsprach 30% der Gesamtnahrung. Die Tiere der Gruppe K2 KM fraßen täglich 14,3 g T Gemüse; dies entsprach 27% der Tagesration. Die Futtermittelkategorie Früchte stand mit einem prozentualen Anteil von 17% (K1 SM) bzw. 18% (K2 KM) an der Gesamtnahrung an dritter Stelle. Dies entsprach 10,0 g T (K1 SM) bzw. 9,8 g T (K2 KM) Früchte pro Tag und Tier. Die Kategorien Brei, Getreideprodukte, Sämereien und Eiprodukte entsprachen rund einem Viertel der täglichen Nahrung, wobei der Brei mit durchschnittlich 6,4 g T (K1 SM) bzw. 6,9 g T (K2 KM) pro Tier und Tag einem Anteil von 11% (K1 SM) bzw. 13% (K2 KM) an der Gesamtnahrung entsprach.

Saisonale Aspekte der Futteraufnahme

Da im Zoo Köln über einen Zeitraum von einem Jahr Daten zum Futterangebot und zur Futteraufnahme der Sclater's Makis aufgezeichnet wurden, sind hier Betrachtungen zur Saisonalität möglich.

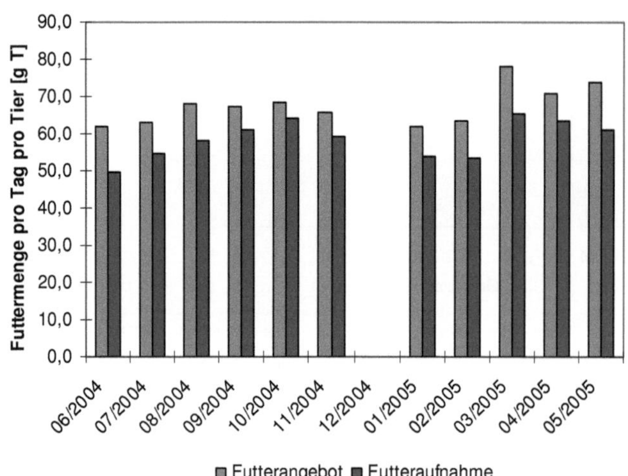

Abbildung 3.5: Jahresverlauf des mittleren monatlichen Futterangebots (hellgrün) sowie der mittleren monatlichen Futteraufnahme (dunkelgrün) der Sclater's Makis im Zoo Köln

In Abbildung 3.5 sind der Jahresverlauf des Futterangebots und der Futteraufnahme pro Tier und Tag in Form von Monatsmittelwerten dargestellt. Das Futterangebot nahm im Verlauf der ersten Monate von 62,0 g T (Juni 2004) auf 68,6 g T pro Tier und Tag (Oktober 2004) zu. Dies entsprach einer Zunahme von 10,6%. Anschließend fiel das Futterangebot wieder kontinuierlich von 68,6 g T (Oktober 2004) auf 62,0 g T pro Tier und Tag (Januar 2005) ab. Im März 2005 lag das Futterangebot mit 78,2 g T pro Tier und Tag am höchsten. Dies entsprach einer Zunahme von 26% im Vergleich zum Januar 2005. In den folgenden Monaten schwankte das Futterangebot zwischen 70,6 g T (April 2005) und 74,0 g T pro Tier und Tag (Mai 2005).

Die Futteraufnahme nahm im Verlauf der ersten Monate von 49,7 g T (Juni 2004) auf 64,1 g T pro Tier und Tag (Oktober 2004) zu. Dies entsprach einer Zunahme von knapp 29%. Anschließend fiel die aufgenommene Futtermenge kontinuierlich von

64,1 g T (Oktober 2004) auf 53,6 g T pro Tier und Tag (Februar 2005) ab. Dies entsprach einer Abnahme von 16,4%. Im März 2005 lag die Futteraufnahme mit 65,5 g T pro Tier und Tag am höchsten. Dies entsprach einer Zunahme von 22% im Vergleich zum Vormonat. In den folgenden Monaten nahm die Futteraufnahme leicht auf 61,0 g T pro Tier und Tag ab.

3.1.3.2 Zoo Mulhouse

Im Zoo Mulhouse wurde die angebotene Nahrung von allen Gruppen zu 100% konsumiert, so dass die aufgenommene der angebotenen Nahrungsmenge entspricht.

Tabelle 3.8: Mittlere Futteraufnahme (± Standardabweichung) pro Tier und Tag im Zoo Mulhouse

Gruppe	Futteraufnahme [g T/d]	Futteraufnahme [g T/(kg $LM^{0,75}$ * d)]
M1 SM	54,4 (± 6,2)	31,7 (± 3,6)
M2 SM	58,3 (± 5,2)	31,5 (± 2,8)
MQ SM	57,8 (± 7,0)	27,5 (± 3,4) (Körpergewichte 02/06)
M3 KM	33,5 (± 3,5)	31,1 (± 3,2)
M4 KM	33,4 (± 2,5)	34,6 (± 2,6)
M5 KM	34,9 (± 3,1)	KA*

T = Trockenmasse d = Tag kg $LM^{0,75}$ = Metabolisches Körpergewicht

*KA = Da nicht von allen Gruppenmitgliedern die Körpergewichte bestimmt werden konnten (vgl. Tabelle 3.3), ist hier keine Angabe möglich.

Die durchschnittliche Futteraufnahme pro Tier und Tag lag bei Gruppe M1 SM bei 54,4 g T (± 6,2), bei Gruppe M2 SM bei 58,3 g T (± 5,2) und bei Gruppe MQ SM bei 57,8 g T (± 7,0). Die Kronenmaki-Gruppen zeigten täglich durchschnittliche Futteraufnahmen von: Gruppe M3 KM: 33,5 g T (± 3,5), Gruppe M4 KM: 33,4 g T (± 2,5) und Gruppe M5 KM: 34,9 g T (± 3,1). Es gab keine signifikanten Unterschiede innerhalb der Sclater's Maki- oder Kronenmaki-Gruppen; die durchschnittliche Futteraufnahme pro Tier und Tag der Sclater's Maki-Gruppen unterschied sich jedoch signifikant von der durchschnittlichen Futteraufnahme pro Tier und Tag der Kronenmaki-Gruppen (ANOVA: p= <0,001).

Bezogen auf das metabolische Körpergewicht (Mittelwert der metabolischen Körpergewichte der Tiere der jeweiligen Gruppe) ergaben sich durchschnittliche Futteraufnahmen pro Tier und Tag von: Gruppe M1 SM: 31,7 g T (± 3,6), Gruppe M2

SM: 31,5 g T (± 2,8), Gruppe MQ SM: 27,5 g T (± 3,4), Gruppe M3 KM: 31,1 g T (± 3,2) und Gruppe M4 KM: 34,6 g T (± 2,6). Der Vergleich der Futteraufnahmen bezogen auf das metabolische Körpergewicht ergab folgende signifikante Unterschiede:

Tabelle 3.9: Signifikante (S) bzw. nicht signifikante (NS) Unterschiede in der durchschnittlichen Futteraufnahme pro Tier pro Tag bezogen auf das metabolische Körpergewicht zwischen den Gruppen M1 SM, M2 SM, MQ SM, M3 KM, M4 KM im Zoo Mulhouse

Gruppe	M2 SM	MQ SM	M3 KM	M4 KM
M1 SM	NS (p= 0,829)	S (p <0,001)	NS (p= 0,510)	S (p= 0,0174)
M2 SM	-	S (p <0,001)	NS (p= 0,770)	S (p <0,001)
MQ SM	-	-	S (p <0,001)	S (p <0,001)
M3 KM	-	-	-	S (p <0,001)

Tabelle 3.9 fasst die Ergebnisse der statistischen Auswertung (ANOVA, ergänzt mit HOLM-SIDAK) tabellarisch zusammen. Die durchschnittliche Futteraufnahme pro Tier und Tag bezogen auf das metabolische Körpergewicht der Gruppen MQ SM bzw. M4 KM unterscheidet sich signifikant von der durchschnittliche Futteraufnahme pro Tier und Tag bezogen auf das metabolische Körpergewicht aller anderen Gruppen, wobei die Tiere der Gruppe MQ SM signifikant weniger, die Tiere der Gruppe M4 KM signifikant mehr Futter pro Tag aufnahmen.

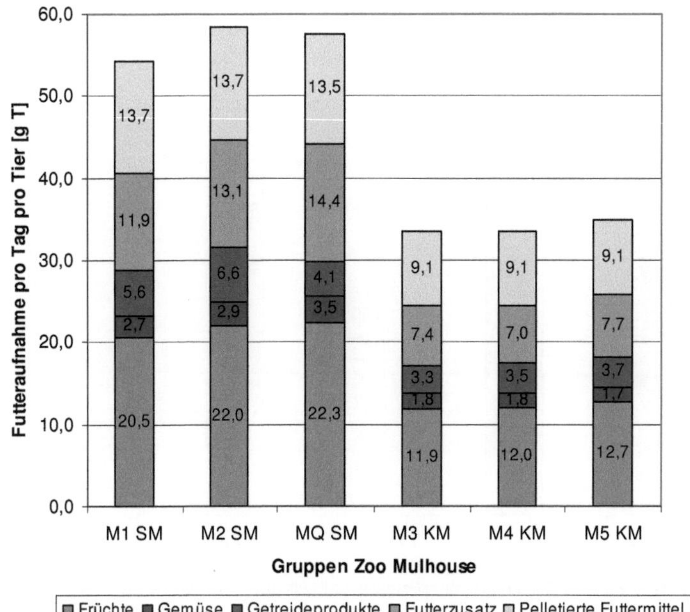

Abbildung 3.6: Durchschnittliche Zusammensetzung der täglichen Futteraufnahme pro Tier im Zoo Mulhouse

Die Futtermittelkategorie Früchte stellte mit durchschnittlich 21,6 g (M1 SM, M2 SM, MQ SM) bzw. durchschnittlich 12,2 g (M3 KM, M4 KM, M5 KM) den größten Anteil der täglichen Ration. Dies entsprach einem prozentualen Anteil von 36% (Kronenmakis) bzw. 38 - 39% (Sclater's Makis) an der Gesamtnahrung. Bei den Gruppen M1 SM, M2 SM und MQ SM hatten die pelletierten Futtermittel sowie der Futterzusatz einen ähnlichen Anteil von jeweils rund 22 - 25% an der Gesamtnahrung und stellten zusammen knapp 50% der konsumierten Nahrung dar. Bei den Gruppen M3 KM, M4 KM und M5 KM lag der Anteil der pelletierten Futtermittel bei 26 - 27%, während der Futterzusatz rund 21 - 22% der Gesamtnahrung ausmachte. Die Getreideprodukte stellten mit durchschnittlich 5,4 g (M1 SM, M2 SM, MQ SM) bzw. durchschnittlich 3,5 g (M3 KM, M4 KM, M5 KM) rund 10% der Tagesration. Die Futtermittel der Futtermittelkategorie Gemüse entsprachen mit 3,0 g (M1 SM, M2 SM, MQ SM) bzw. durchschnittlich 1,8 g (M3 KM, M4 KM, M5 KM) rund 5% der täglich pro Tier konsumierten Nahrung.

3.1.3.3 Vergleich Zoo Köln und Zoo Mulhouse

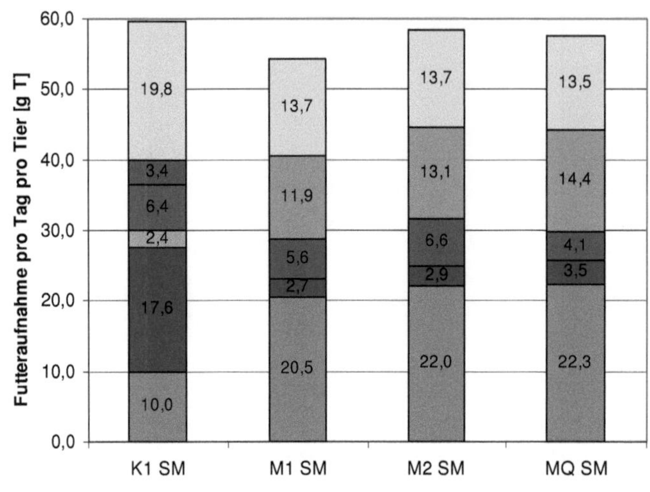

Abbildung 3.7: Vergleich der Futtermengen und -zusammensetzungen von *Eulemur macaco flavifrons* im Zoo Köln und im Zoo Mulhouse

Die Futtermengen, die *Eulemur macaco flavifrons* im Zoo Köln und im Zoo Mulhouse gefüttert wurden, wiesen keine signifikanten Unterschiede auf (ANOVA: p= 0,543). Der Vergleich der Futterzusammensetzung wird zusammenfassend für *Eulemur macaco flavifrons* und *Eulemur coronatus* im Anschluss an die Beschreibung der Abbildung 3.8 aufgeführt.

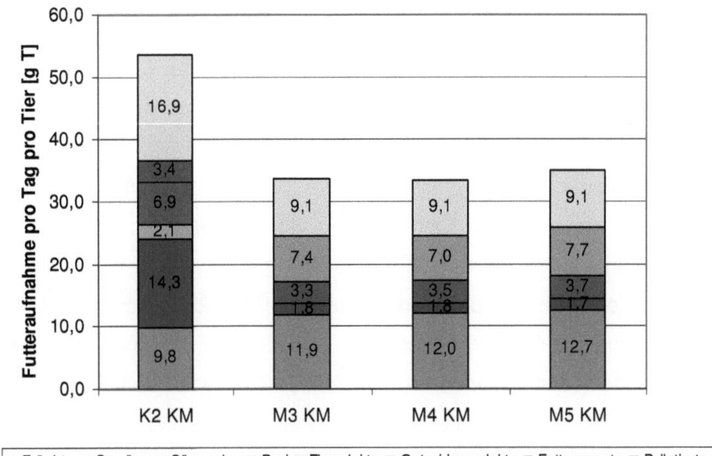

Abbildung 3.8: Vergleich der Futtermengen und -zusammensetzungen von *Eulemur coronatus* im Zoo Köln und im Zoo Mulhouse

Die Kronenmaki-Gruppen im Zoo Mulhouse bekamen durchschnittlich 20,6 g T pro Tier und Tag weniger als die Kronenmakis im Zoo Köln; dieser Unterschied war signifikant. Die durchschnittliche Futteraufnahme pro Tier und Tag der Gruppen M3 KM, M4 KM und K5 KM im Zoo Mulhouse unterscheiden sich indes nicht signifikant voneinander (vgl. Tabelle 3.10).

Tabelle 3.10 fasst die Ergebnisse der statistischen Auswertung (ANOVA, ergänzt mit HOLM-SIDAK) tabellarisch zusammen.

Tabelle 3.10: Signifikante (S) bzw. nicht signifikante (NS) Unterschiede in der durchschnittlichen Futteraufnahme pro Tier pro Tag von *Eulemur coronatus* im Zoo Köln und im Zoo Mulhouse

Gruppe	**M3 KM**	**M4 KM**	**M5 KM**
K2 KM	S (p= <0,001)	S (p= <0,001))	S (p= <0,001)
M3 KM	-	NS (p= 0,980)	NS (p= 0,639)
M4 KM	-	-	NS (p= 0,621)

Der Vergleich der Futterzusammensetzung im Zoo Köln und im Zoo Mulhouse zeigt, dass Futtermittel unterschiedlicher Futtermittelkategorien in den beiden Einrichtungen verfüttert wurden. Während im Zoo Mulhouse weder Eiprodukte noch Brei oder Sämereien an die Tiere verfüttert wurden, fehlte im Zoo Köln der im Zoo Mulhouse übliche Futterzusatz Simial.

Unterschiede existierten hinsichtlich der Mengenverhältnisse der Futtermittelkategorien, die in beiden Einrichtungen verfüttert wurden; im Zoo Köln stellten die pelletierten Futtermittel mit 32 - 33% den größten Anteil der täglichen Ration, während im Zoo Mulhouse pelletierte Futtermittel 22 - 25% (Sclater's Makis) bzw. 26 - 27% (Kronenmakis) der Tagesration ausmachten. Besonders deutlich waren die Unterschiede in den Futtermittelkategorien Gemüse und Früchte. Während im Zoo Köln Futtermittel der Futtermittelkategorie Gemüse mit 27% bzw. 30% den zweitgrößten Anteil ausmachten, stellten diese im Zoo Mulhouse nur rund 5% der täglichen Ration. Im Gegensatz hierzu lag der prozentuale Anteil der Früchte an der Gesamtration im Zoo Mulhouse bei 36% (Kronenmakis) bzw. 38 - 39% (Sclater's Makis) und stellte somit den größten Anteil dar, während im Zoo Köln Früchte mit 17% bzw. 18% in der täglichen Ration vertreten waren. Die Getreideprodukte spielten im Zoo Köln mit rund 6% und 10% im Zoo Mulhouse eine untergeordnete Rolle.

3.1.4 Nährstoffzusammensetzung und Nährstoffverdaulichkeit

Die Ergebnisse der Nährstoffanalysen der Futtermittel und der Kotproben sind im Anhang detailliert dargestellt (Zoo Köln: Tabellen 7.10 bis 7.13; Zoo Mulhouse: 7.17).

3.1.4.1 Zoo Köln

In den Tabellen 3.11 bis 3.14 werden die Ergebnisse der Verdaulichkeitsstudien bei Sclater's Makis im Zoo Köln dargestellt.

Tabelle 3.11: Mittlere Nährstoffaufnahme pro Tier und Tag der Sclater's Makis im Zoo Köln

Nährstoffaufnahme	Sommer 2004		Herbst 2004		Winter 2005		Frühling 2005	
	g T	%T	g T	%T	g T	%T	g T	%T
XA	3,7	6	3,2	6	3,2	6	3,9	6
XL	3,6	6	3,6	6	2,4	4	2,9	4
N*6,25	11,3	18	10,2	18	9,1	17	11,0	17
NDF	12,8	20	10,0	18	8,7	16	12,7	20
ADF	4,3	7	3,7	7	3,7	7	5,0	8
ADL	1,6	3	1,2	2	1,3	2	1,6	2
NFC	31,4	50	28,7	52	30,3	56	32,2	49

T, XA, NDF, ADF, ADL, N*6,25, XL, NFC, Energie = vgl. Kapitel 2.1.5.2 Nährstoffanalysen

Die durchschnittliche Nährstoffaufnahme pro Tier und Tag der Sclater's Makis im Zoo Köln während der vier Verdaulichkeitsuntersuchungen unterlag leichten Schwankungen. Die NFC-Aufnahme stellte mit 49 - 56% den größten Anteil an der Gesamtnährstoffaufnahme. Die NDF-Aufnahme lag bei 8,7 - 12,8 g T pro Tier und Tag, was einem Anteil von 16 - 20% entsprach, und stellte somit die zweitgrößte Komponente der Gesamtnährstoffaufnahme dar. Rohprotein machte durchschnittlich 17 - 18% der Gesamtnährstoffaufnahme aus. Die ADF-Aufnahme lag bei 3,7 - 5,0 g T pro Tier und Tag. Die Rohfettaufnahme schwankte zwischen 2,4 - 3,6 g T pro Tier und Tag und stellte, ähnlich wie die Rohasche, einen Anteil von 4 - 6% an der Gesamtnährstoffaufnahme. Die tägliche ADL-Aufnahme machte 2 - 3% aus.

Tabelle 3.12: Mittlere Energieaufnahme pro Tier und Tag der Sclater's Makis im Zoo Köln

Energieaufnahme	Sommer 2004	Herbst 2004	Winter 2005	Frühling 2005
GE [kJ]	1165,9	1042,9	993,1	1148,0

GE = Bruttoenergie

Die durchschnittliche Energieaufnahme pro Tier und Tag der Gruppe K1 SM während der vier Verdaulichkeitsuntersuchungen lag zwischen 993,1 KJ (Winter 2005) und 1165,9 KJ (Sommer 2004). Der Jahresdurchschnitt betrug 1087,5 KJ (± 83,1).

Tabelle 3.13: Mittlere Futteraufnahme, Kotmenge und Trockenmasseverdaulichkeit (± Standardabweichung) der Sclater's Makis im Zoo Köln

Sammelphase	Futteraufnahme [g T/ Tier * d]	Kotmenge [g T/ Tier * d]	Verdaulichkeit [%]
Sommer 2004	62,9 (± 6,4)	13,6 (± 2,8)	78
Herbst 2004	55,7 (± 7,6)	11,7 (± 5,1)	79
Winter 2005	54,0 (± 9,0)	9,9 (± 2,5)	82
Frühling 2005	65,1 (± 9,6)	(21,8 (± 5,6))	(67)

T = Trockenmasse d = Tag

Tabelle 3.13 stellt die durchschnittliche tägliche Futteraufnahme und Kotmenge der Tiere der Gruppe K1 SM sowie die daraus resultierende Trockenmasseverdaulichkeit der vier im Zoo Köln durchgeführten Verdaulichkeitsuntersuchungen dar. Die Futteraufnahme lag bei durchschnittlich 59,6 g T pro Tier und Tag, die Kotmenge im Mittel bei 14,3 g T pro Tier und Tag. Die Kotmenge in der Sammelphase 4 war im Verhältnis zu den Kotmengen der vorherigen Sammelphasen erhöht, woraus sich eine entsprechend niedrigere Trockenmasseverdaulichkeit in der Sammelphase 4 ergab. Ursächlich hierfür war jedoch das erstmalige Verwenden von Rindenmulch als Einstreu in den Außengehegen der Tiere, wodurch die gesammelte Kotmenge verfälscht wurde. Daher werden die Ergebnisse der Sammelphase 4 der Vollständigkeit halber an dieser Stelle mit aufgeführt, jedoch im weiteren Verlauf nicht berücksichtigt. Die um die Sammelphase 4 korrigierte durchschnittliche Kotmenge lag dementsprechend bei 11,8 g T pro Tier und Tag und die resultierende Trockenmasseverdaulichkeit bei durchschnittlich 80%.

Tabelle 3.14: Mittlere Nährstoffverdaulichkeiten der Sclater's Makis im Zoo Köln

Verdaulichkeit [%]	Sommer 2004	Herbst 2004	Winter 2005	Frühling 2005
OS	81	81	83	(69)
N*6,25	76	80	80	(71)
NDF	63	51	57	(25)
GE	79	80	82	(65)

OS = Organische Substanz N*6,25 = Rohprotein NDF = Faserkomponente GE = Bruttoenergie

Wie bereits erklärt, wurde in Sammelphase 4 die gesammelte Kotmenge durch das erstmalige Verwenden von Rindenmulch als Einstreu in den Außengehegen der Tiere verfälscht. Daher werden die Ergebnisse der Nährstoffverdaulichkeiten der Sammelphase 4 der Vollständigkeit halber an dieser Stelle mit aufgeführt, jedoch im weiteren Verlauf nicht berücksichtigt. Die durchschnittlichen Nährstoffverdaulichkeiten der Sammelphasen 1 bis 3 lagen dementsprechend bei: OS: 82%, N*6,25: 79%, NDF: 57% und GE: 80%.

In den Tabellen 3.15 bis 3.18 werden die Ergebnisse der Verdaulichkeitsstudien bei Kronenmakis im Zoo Köln dargestellt.

Tabelle 3.15: Mittlere Nährstoffaufnahme pro Tier und Tag der Kronenmakis im Zoo Köln

Nährstoffaufnahme	Sommer 2004		Herbst 2004		Winter 2005		Frühling 2005	
	g T	%T	g T	%T	g T	%T	g T	%T
XA	3,8	6	2,7	6	3,1	6	3,2	6
XL	3,7	6	3,3	7	2,3	4	2,1	4
N*6,25	11,5	19	9,1	19	8,7	17	8,9	16
NDF	12,6	20	9,3	19	8,4	16	10,4	19
ADF	4,0	6	3,3	7	3,6	7	4,2	8
ADL	1,4	2	1,1	2	1,2	2	1,3	2
NFC	30,3	49	24,4	50	29,4	56	27,9	50

T, XA, NDF, ADF, ADL, N*6,25, XL, NFC, Energie = vgl. Kapitel 2.1.5.2 Nährstoffanalysen

Die durchschnittliche tägliche Nährstoffaufnahme der Tiere der Kronenmakis im Zoo Köln während der vier Verdaulichkeitsuntersuchungen unterlag leichten Schwankungen. Die NFC-Aufnahme stellte mit 24,4 - 30,3 g T pro Tier und Tag den größten Anteil an der Gesamtnährstoffaufnahme (49 - 56%).

Die NDF-Aufnahme lag bei 8,4 - 12,6 g T pro Tier und Tag, was einem Anteil von 16 bis 20% entsprach, und stellte somit die zweitgrößte Komponente der Gesamtnährstoffaufnahme dar. Rohprotein machte mit durchschnittlich 8,7 - 11,5 g T einen Anteil von 16 - 19% der Gesamtnährstoffaufnahme aus. Die ADF-Aufnahme lag bei 3,3 - 4,2 g T pro Tier und Tag. Die Rohfettaufnahme schwankte leicht zwischen 2,1 - 3,7 g T pro Tier und Tag und stellte, ähnlich wie die Rohasche, einen Anteil von 4 - 7% an der Gesamtnährstoffaufnahme. Die tägliche ADL-Aufnahme machte mit 1,1 – 1,4 g T pro Tier und Tag einen Anteil von 2% aus.

Tabelle 3.16: Mittlere Energieaufnahme pro Tier und Tag der Kronenmakis im Zoo Köln

Energieaufnahme	**Sommer 2004**	**Herbst 2004**	**Winter 2005**	**Frühling 2005**
GE [kJ]	1155,4	919,2	961,9	954,4

GE = Bruttoenergie

Die durchschnittliche Energieaufnahme pro Tier und Tag der Gruppe K2 KM während der vier Verdaulichkeitsuntersuchungen lag zwischen 919,2 KJ (Herbst 2004) und 1155,4 KJ (Sommer 2004). Der Jahresdurchschnitt beträgt 997,7 KJ (± 106,8).

Tabelle 3.17: Mittlere Futteraufnahme, Kotmenge und Trockenmasseverdaulichkeit (± Standardabweichung) der Kronenmakis im Zoo Köln

Sammelphase	**Futteraufnahme [g T/ Tier * d]**	**Kotmenge [g T/ Tier * d]**	**Verdaulichkeit [%]**
Sommer 2004	61,9 (± 8,1)	10,8 (± 2,7)	82
Herbst 2004	48,7 (± 8,1)	5,7 (± 1,9)	88
Winter 2005	52,3 (± 9,8)	6,7 (± 2,1)	87
Frühling 2005	55,5 (± 9,4)	8,6 (± 2,6)	84

T = Trockenmasse d = Tag

Tabelle 3.17 stellt die durchschnittliche tägliche Futteraufnahme und Kotmenge der Tiere der Gruppe K2 KM sowie die daraus resultierende Trockenmasseverdaulichkeit der vier im Zoo Köln durchgeführten Verdaulichkeitsuntersuchungen dar. Die Futteraufnahme lag bei durchschnittlich 55,0 g T pro Tier und Tag, die Kotmenge im Mittel bei 8,1 g T pro Tier und Tag. Die daraus resultierende Trockenmasse-verdaulichkeit lag im Mittel bei 85%.

Tabelle 3.18: Mittlere Nährstoffverdaulichkeiten der Kronenmakis im Zoo Köln

Verdaulichkeit [%]	Sommer 2004	Herbst 2004	Winter 2005	Frühling 2005
OS	85	90	88	85
N*6,25	80	87	86	83
NDF	73	82	72	67
GE	83	89	88	84

OS = Organische Substanz N*6,25 = Rohprotein NDF = Faserkomponente GE = Bruttoenergie

Die durchschnittlichen Nährstoffverdaulichkeiten lagen bei: OS: 87%, N*6,25: 84%, NDF: 74% und GE: 86%.

3.1.4.2 Zoo Mulhouse

In den Tabellen 3.19 bis 3.22 werden die Ergebnisse der Verdaulichkeitsstudien bei Sclater's Makis und Kronenmakis im Zoo Mulhouse dargestellt.

Tabelle 3.19: Mittlere Nährstoffaufnahme pro Tier und Tag der Sclater's Makis (Gruppen M1 SM, M2 SM, MQ SM) und Kronenmakis (Gruppen M3 KM, M4 KM, M5 KM) im Zoo Mulhouse

Nährstoffaufnahme	M1 SM		M2 SM		MQ SM		M3 KM		M4 KM		M5 KM	
	g T	%T	g T	%T	g T	%T	g T	%T	g T	%T	g T	%T
XA	3,3	6	3,5	6	3,5	6	2,0	6	2,0	6	2,1	6
XL	1,9	4	2,0	4	1,9	3	1,2	4	1,2	4	1,2	4
N*6,25	7,6	15	8,3	15	8,2	15	4,8	15	4,8	15	5,0	15
NDF	8,9	17	9,8	17	9,9	18	5,5	17	5,7	17	6,0	18
ADF	3,2	6	3,4	6	3,3	6	2,0	6	2,0	6	2,1	6
ADL	1,0	2	1,1	2	1,1	2	0,6	2	0,7	2	0,7	2
NFC	29,7	57	32,4	57	30,6	56	18,4	57	18,4	56	18,9	56

T, XA, NDF, ADF, ADL, N*6,25, XL, NFC, Energie = vgl. Kapitel 2.1.5.2 Nährstoffanalysen

Tabelle 3.19 zeigt die durchschnittliche tägliche Nährstoffaufnahme der im Zoo Mulhouse untersuchten Gruppen. Die Nährstoffzusammensetzung der verfütterten Rationen unterlag minimalen Schwankungen. Die NFC-Aufnahme stellte mit 56 - 57% den größten Anteil an der Gesamtnährstoffaufnahme. Die NDF-Aufnahme lag bei 8,9 - 9,9 g T pro Sclater's Maki pro Tag bzw. 5,5 - 6,0 g T pro Kronenmaki pro Tag, was einem Anteil von 17 - 18% entsprach, und stellte somit die zweitgrößte Komponente der Gesamtnährstoffaufnahme dar. Rohprotein machte durchschnittlich 15% der Gesamtnährstoffaufnahme aus.

Die ADF-Aufnahme lag bei den Sclater's Makis bei 3,3 - 3,4 g T pro Tier und Tag und bei den Kronenmakis bei 2,0 - 2,1 g T pro Tier und Tag. Die Rohfettaufnahme lag zwischen 1,9 - 2,0 g T pro Tag und Sclater's Maki bzw. 1,2 g T pro Tag und Kronenmaki und stellte einen Anteil von 3 - 4% an der Gesamtnährstoffaufnahme. Die Rohasche machte 6% der täglichen Nährstoffaufnahme aus, während die ADL-Aufnahme mit 1,0 - 1,1 g T bei den Sclater's Makis bzw. 0,6 - 0,7 g T bei den Kronenmakis einem Anteil von 2% entsprach.

Tabelle 3.20: Mittlere Energieaufnahme pro Tier und Tag der Sclater's Makis (Gruppen M1 SM, M2 SM, MQ SM) und Kronenmakis (Gruppen M3 KM, M4 KM, M5 KM) im Zoo Mulhouse

Energieaufnahme	M1 SM	M2 SM	MQ SM	M3 KM	M4 KM	M5 KM
GE [kJ]	898,5	981,0	949,5	561,5	563,6	585,0

GE = Bruttoenergie

Die durchschnittliche Energieaufnahme pro Tier und Tag der Sclater's Maki-Gruppen lag bei 943,0 KJ (± 41,6). Die durchschnittliche Energieaufnahme pro Tier und Tag der Kronenmaki-Gruppen lag bei durchschnittlich 570,0 KJ (± 13,0).

Tabelle 3.21: Mittlere Futteraufnahme, Kotmenge und Trockenmasseverdaulichkeit (± Standardabweichung) der Sclater's Makis (Gruppen M1 SM, M2 SM, MQ SM) und Kronenmakis (Gruppen M3 KM, M4 KM, M5 KM) im Zoo Mulhouse

Gruppe	Futteraufnahme [g T/ Tier * d]	Kotmenge [g T/ Tier * d]	Verdaulichkeit [%]
M1 SM	51,9 (± 3,1)	10,0 (± 2,4)	81
M2 SM	56,7 (± 4,4)	12,5 (± 2,8)	78
MQ SM	54,5 (± 6,7)	11,8 (± 1,9)	78
M3 KM	32,3 (± 2,3)	4,9 (± 1,5)	85
M4 KM	32,6 (± 1,7)	7,3 (± 2,5)	78
M5 KM	33,7 (± 2,9)	4,5 (± 1,4)	87

T = Trockenmasse d = Tag

Die Futteraufnahme lag bei durchschnittlich 54,3 g T pro Tier und Tag (Sclater's Maki-Gruppen) bzw. 32,9 g T pro Tier und Tag (Kronenmaki-Gruppen), die Kotmenge im Mittel bei 11,4 g T pro Tier und Tag (Sclater's Maki-Gruppen) bzw. 5,6 g T pro Tier und Tag (Kronenmaki-Gruppen).

Die daraus resultierenden Trockenmasseverdaulichkeiten lagen bei durchschnittlich 79% (Sclater's Maki-Gruppen) bzw. bei 83% (Kronenmaki-Gruppen).

Tabelle 3.22: Mittlere Nährstoffverdaulichkeiten der Sclater's Makis (Gruppen M1 SM, M2 SM, MQ SM) und Kronenmakis (Gruppen M3 KM, M4 KM, M5 KM) im Zoo Mulhouse

Verdaulichkeit [%]	M1 SM	M2 SM	MQ SM	M3 KM	M4 KM	M5 KM
OS	82	81	81	87	80	88
N*6,25	76	69	68	77	69	81
NDF	45	50	58	67	48	70
GE	80	77	76	84	76	86

OS = Organische Substanz N*6,25 = Rohprotein NDF = Faserkomponente GE = Bruttoenergie

Die Nährstoffverdaulichkeiten lagen bei durchschnittlich 81% für OS, 71% für N*6,25, 51% für NDF und 78% für GE (Sclater's Maki-Gruppen) bzw. bei durchschnittlich 85% für OS, 76% für N*6,25, 62% für NDF und 82% für GE (Kronenmaki-Gruppen).

3.1.4.3 Vergleich Zoo Köln und Zoo Mulhouse

In den Tabellen 3.23 bis 3.26 werden die Ergebnisse der Verdaulichkeitsstudien bei Sclater's Makis im Zoo Köln mit den Ergebnissen der Verdaulichkeitsstudien bei Sclater's Makis im Zoo Mulhouse verglichen.

Tabelle 3.23: Mittlere Nährstoffaufnahme pro Tier und Tag der Sclater's Makis im Zoo Köln (Gruppe K1 SM) und im Zoo Mulhouse (Gruppen M1 SM, M2 SM, MQ SM)

Nährstoffaufnahme	K1 SM (MW)*		M1 SM		M2 SM		MQ SM	
	g T	%T	g T	%T	g T	%T	g T	%T
XA	3,7	6	3,3	6	3,5	6	3,5	6
XL	3,1	5	1,9	4	2,0	4	1,9	3
N*6,25	10,9	18	7,6	15	8,3	15	8,2	15
NDF	11,2	18	8,9	17	9,8	17	9,9	18
ADF	4,5	7	3,2	6	3,4	6	3,3	6
ADL	1,5	2	1,0	2	1,1	2	1,1	2
NFC	30,6	52	29,7	57	32,4	57	30,6	56

T, XA, NDF, ADF, ADL, N*6,25, XL, NFC, Energie = vgl. Kapitel 2.1.5.2 Nährstoffanalysen

*Mittelwert der vier im Zoo Köln durchgeführten Verdaulichkeitsstudien

Tabelle 3.23 zeigt die durchschnittliche tägliche Nährstoffaufnahme der Tiere der Gruppen K1 SM, M1 SM, M2 SM und MQ SM. Die Ration im Zoo Köln hatte einen signifikant höheren N*6,25-Gehalt als die im Zoo Mulhouse (p <0,001), während der NFC-Anteil im Zoo Mulhouse den im Zoo Köln um 5 - 6% überschritt (p= 0,045). Die restliche Nährstoffzusammensetzung wies keine signifikanten Unterschiede im Vergleich der beiden Einrichtungen auf.

Tabelle 3.24: Mittlere Energieaufnahme pro Tier und Tag der Sclater's Makis im Zoo Köln (Gruppe K1 SM) und im Zoo Mulhouse (Gruppen M1 SM, M2 SM, MQ SM)

Energieaufnahme	K1 SM (MW)*	M1 SM	M2 SM	MQ SM
GE [kJ]	1135,3	898,5	981,0	949,5

GE = Bruttoenergie

*Mittelwert der vier im Zoo Köln durchgeführten Verdaulichkeitsstudien

Die Energieaufnahme der Sclater's Maki-Gruppen lag im Zoo Mulhouse bei durchschnittlich 943,0 KJ (± 41,6) pro Tier und Tag. Im Zoo Köln nahmen die Sclater's Makis täglich rund 1135,3 KJ auf; dies entspricht einem Plus von 20,4% im Vergleich zu ihren Artgenossen im Zoo Mulhouse. Dieser Unterschied war signifikant (T-TEST: t= 2,720, FG= 5, p= 0,042).

Tabelle 3.25: Mittlere Futteraufnahme, Kotmenge und Trockenmasseverdaulichkeit (± Standardabweichung) der Sclater's Makis im Zoo Köln (Gruppe K1 SM) und im Zoo Mulhouse (Gruppen M1 SM, M2 SM, MQ SM)

Gruppe	Futteraufnahme [g T/ Tier * d]	Kotmenge [g T/ Tier * d]	Verdaulichkeit [%]
K1 SM*	59,6 (± 9,1)	11,8 (± 3,7)	80 (± 2,1)
M1 SM	51,9 (± 3,1)	10,0 (± 2,4)	81
M2 SM	56,7 (± 4,4)	12,5 (± 2,8)	78
MQ SM	54,5 (± 6,7)	11,8 (± 1,9)	78

T = Trockenmasse d = Tag

* Mittelwert der drei im Zoo Köln durchgeführten Verdaulichkeitsstudien (± Standardabweichung)

Es handelt sich an dieser Stelle um den Vergleich von Tieren der gleichen Art, die sich in ihrer Körpergröße nicht voneinander unterschieden, so dass die Futteraufnahmen der verschiedenen Gruppen als absolute Zahlen und nicht, wie üblich, bezogen auf die metabolische Körpergröße der Gruppen angegeben werden.

Die Futteraufnahme bezogen auf die metabolische Körpergröße kann jedoch den Tabellen 3.7 und 3.8 entnommen werden.

Die tägliche Futteraufnahme pro Sclater's Maki variierte zwischen den beiden Zoos leicht, war jedoch im Zoo Köln mit 59,6 g T am höchsten. Die durchschnittliche Kotmenge war im Zoo Köln mit 11,8 g T ebenfalls höher (Zoo Mulhouse: MW 11,4 g T). Die Trockenmasseverdaulichkeiten lagen bei durchschnittlich 79% im Zoo Mulhouse und 80% im Zoo Köln und unterschieden sich nicht signifikant voneinander (Vergleich der drei im Zoo Köln durchgeführten Verdaulichkeitsstudien mit den drei im Zoo Mulhouse durchgeführten Verdaulichkeitsstudien: ANOVA: p= 0,645).

Tabelle 3.26: Mittlere Nährstoffverdaulichkeiten der Sclater's Makis im Zoo Köln (Gruppe K1 SM) und im Zoo Mulhouse (Gruppen M1 SM, M2 SM, MQ SM)

Verdaulichkeit [%]	K1 SM (MW)*	M1 SM	M2 SM	MQ SM
OS	82 (± 1,2)	82	81	81
N*6,25	79 (± 2,3)	76	69	68
NDF	57 (± 6,0)	45	50	58
GE	80 (± 1,5)	80	77	76

OS = Organische Substanz N*6,25 = Rohprotein NDF = Faserkomponente GE = Bruttoenergie

*Mittelwert der drei im Zoo Köln durchgeführten Verdaulichkeitsstudien (± Standardabweichung)

Im Zoo Köln zeigten die Sclater's Makis eine mittlere Nährstoffverdaulichkeit von 82% für OS, 79% für N*6,25, 57% für NDF und 80% für GE. Die Nährstoffverdaulichkeiten der im Zoo Mulhouse an Sclater's Makis durchgeführten Verdaulichkeitsuntersuchungen lagen bei durchschnittlich 81% für OS, 71% für N*6,25, 51% für NDF und 78% für GE. Die verschiedenen Nährstoffverdaulichkeiten unterschieden sich nicht signifikant voneinander.

In den Tabellen 3.27 bis 3.30 werden die Ergebnisse der Verdaulichkeitsstudien bei Kronenmakis im Zoo Köln mit den Ergebnissen der Verdaulichkeitsstudien bei Kronenmakis im Zoo Mulhouse verglichen.

Tabelle 3.27: Mittlere Nährstoffaufnahme pro Tier und Tag der Kronenmakis im Zoo Köln (Gruppe K2 KM) und im Zoo Mulhouse (Gruppen M3 KM, M4 KM, M5 KM)

Nährstoffaufnahme	K2 KM (MW)*		M3 KM		M4 KM		M5 KM	
	g T	%T	g T	%T	g T	%T	g T	%T
XA	3,3	6	2,0	6	2,0	6	2,1	6
XL	2,9	5	1,2	4	1,2	4	1,2	4
N*6,25	9,9	18	4,8	15	4,8	15	5,0	15
NDF	10,2	19	5,5	17	5,7	17	6,0	18
ADF	3,9	7	2,0	6	2,0	6	2,1	6
ADL	1,4	3	0,6	2	0,7	2	0,7	2
NFC	28,0	51	18,4	57	18,4	56	18,9	56

T, XA, NDF, ADF, ADL, N*6,25, XL, NFC, Energie = vgl. Kapitel 2.1.5.2 Nährstoffanalysen

*Mittelwert der vier im Zoo Köln durchgeführten Verdaulichkeitsstudien

Tabelle 3.27 zeigt die durchschnittliche tägliche Nährstoffaufnahme der Tiere der Gruppen K2 KM, M3 KM, M4 KM und M5 KM. Die Ration im Zoo Köln hatte einen signifikant höheren N*6,25- Gehalt als die im Zoo Mulhouse, während im Zoo Mulhouse der NFC-Anteil signifikant höher war als im Zoo Köln. Die restliche Nährstoffzusammensetzung variierte geringfügig und wies keine Signifikanzen auf.

Tabelle 3.28: Mittlere Energieaufnahme pro Tier und Tag der Kronenmakis im Zoo Köln (Gruppe K2 KM) und im Zoo Mulhouse (Gruppen M3 KM, M4 KM, M5 KM)

Energieaufnahme	K2 KM (MW)*	M3 KM	M4 KM	M5 KM
GE [kJ]	1019,9	561,5	563,6	585,0

GE = Bruttoenergie

*Mittelwert der vier im Zoo Köln durchgeführten Verdaulichkeitsstudien

Die Energieaufnahme der Kronenmaki-Gruppen lag im Zoo Mulhouse bei durchschnittlich 570,0 KJ (± 13,0) pro Tier und Tag. Im Zoo Köln nahmen die Kronenmakis täglich rund 1019,9 KJ auf; dies sind 79% mehr Energie als ihre Artgenossen im Zoo Mulhouse täglich aufnahmen. Dieser Unterschied war signifikant (T-TEST: t= 6,739, FG= 5, p= 0,001).

Tabelle 3.29: Mittlere Futteraufnahme, Kotmenge und Trockenmasseverdaulichkeit (± Standardabweichung) der Kronenmakis im Zoo Köln (Gruppe K2 KM) und im Zoo Mulhouse (Gruppen M3 KM, M4 KM, M5 KM)

Gruppe	Futteraufnahme [g T/ Tier * d]	Kotmenge [g T/ Tier * d]	Verdaulichkeit [%]
K2 KM*	55,0 (± 9,7)	8,1 (± 3,0)	85 (± 2,8)
M3 KM	32,3 (± 2,3)	4,9 (± 1,5)	85
M4 KM	32,6 (± 1,7)	7,3 (± 2,5)	78
M5 KM	33,7 (± 2,9)	4,5 (± 1,4)	87

T = Trockenmasse d = Tag

*Mittelwert der vier im Zoo Köln durchgeführten Verdaulichkeitsstudien (± Standardabweichung)

Es handelt sich an dieser Stelle um den Vergleich von Tieren der gleichen Art, die sich in ihrer Körpergröße nicht voneinander unterschieden, so dass die Futteraufnahmen der verschiedenen Gruppen als absolute Zahlen und nicht, wie üblich, bezogen auf die metabolische Körpergröße der Gruppen angegeben werden. Die Futteraufnahme bezogen auf die metabolische Körpergröße kann jedoch den Tabellen 3.7 und 3.8 entnommen werden.

Die tägliche Futteraufnahme pro Kronenmaki variierte zwischen den beiden Zoos erheblich. Die durchschnittliche Kotmenge pro Tier und Tag lag im Zoo Köln bei 8,1 g T und im Zoo Mulhouse bei 5,6 g T. Die Trockenmasseverdaulichkeiten lagen bei durchschnittlich 83% im Zoo Mulhouse und 85% im Zoo Köln. Ein Vergleich der Trockenmasseverdaulichkeiten zeigte einen signifikanten Unterschied zwischen der Gruppe M4 KM und allen anderen Kronenmaki-Gruppen (Vergleich der vier im Zoo Köln durchgeführten Verdaulichkeitsstudien mit den drei im Zoo Mulhouse durchgeführten Verdaulichkeitsstudien: ANOVA: $p = 0{,}002$).

Tabelle 3.30: Mittlere Nährstoffverdaulichkeiten der Kronenmakis im Zoo Köln (Gruppe K2 KM) und im Zoo Mulhouse (Gruppen M3 KM, M4 KM, M5 KM)

Verdaulichkeit [%]	K2 KM (MW)*	M3 KM	M4 KM	M5 KM
OS	87 (± 32,4)	87	80	88
N*6,25	84 (± 3,2)	77	69	81
NDF	74 (± 6,2)	67	48	70
GE	86 (± 2,9)	84	76	86

OS = Organische Substanz N*6,25 = Rohprotein NDF = Faserkomponente GE = Bruttoenergie

*Mittelwert der vier im Zoo Köln durchgeführten Verdaulichkeitsstudien (± Standardabweichung)

Im Zoo Köln zeigten die Kronenmakis eine mittlere Nährstoffverdaulichkeit von 87% für OS, 84% für N*6,25, 74% für NDF und 86% für GE. Die Nährstoffverdaulichkeiten bei den im Zoo Mulhouse an Kronenmakis durchgeführten Verdaulichkeitsuntersuchungen lagen bei durchschnittlich 85% für OS, 76% für N*6,25, 62% für NDF und 82% für GE. Die verschiedenen Nährstoffverdaulichkeiten unterschieden sich nicht signifikant voneinander.

Tabelle 3.31: Vergleich der mittleren Trockenmasse- sowie Nährstoffverdaulichkeiten der Sclater's Makis und Kronenmakis im Zoo Köln und Zoo Mulhouse

Verdaulichkeit [%]	Sclater's Makis Köln*	Sclater's Makis Mulhouse**	Kronenmakis Köln*	Kronenmakis Mulhouse**
Trockenmasse	80 (± 2,1)	79 (± 1,7)	85 (± 2,8)	83 (± 4,7)
OS	82 (± 1,2)	81 (± 0,6)	87 (± 2,4)	85 (± 4,4)
N*6,25	79 (± 2,3)	71 (± 4,4)	84 (± 3,2)	76 (± 6,1)
NDF	57 (± 6,0)	51 (± 6,6)	74 (± 6,2)	62 (± 11,9)
GE	80 (± 1,5)	78 (± 2,1)	86 (± 2,9)	82 (± 5,3)

OS = Organische Substanz N*6,25 = Rohprotein NDF = Faserkomponente GE = Bruttoenergie

* Mittelwert der drei (Sclater's Maki) bzw. vier (Kronenmaki) im Zoo Köln durchgeführten Verdaulichkeitsstudien (± Standardabweichung)

**Mittelwert der drei Gruppen im Zoo Mulhouse (± Standardabweichung)

Tabelle 3.31 vergleicht die mittleren Nährstoffverdaulichkeiten der Sclater's Makis und Kronenmakis im Zoo Köln und im Zoo Mulhouse miteinander. Der Vergleich der Nährstoffverdaulichkeiten der verschiedenen Arten zeigt, dass die Kronenmakis sich in beiden Einrichtungen durch eine erhöhte Trockenmasse-, OS, N*6,25-, NDF- und GE-Verdaulichkeit auszeichneten.

3.2 Freilandstudien

3.2.1 Nahrungsökologie frei lebender Sclater's Makis

3.2.1.1 Einordnung der madagassischen Pflanzen

Von den im Freiland gesammelten 126 verschiedenen Pflanzenproben konnten 112 eindeutig identifiziert werden. Die nachfolgenden Auswertungen beziehen sich ausschließlich auf die 112 eindeutig identifizierten Pflanzenproben, wenngleich die nicht eindeutig identifizierten 14 Pflanzenproben der Vollständigkeit halber im Anhang in Tabelle 7.18 und 7.19 mit aufgeführt werden.

Die insgesamt 112 Pflanzenproben konnten 89 Pflanzenarten in 40 Pflanzenfamilien zugeordnet werden. 17 der 89 Pflanzenproben stammen von Pflanzen, die von den Tieren während der Trockenzeit nicht gefressen wurden; diese Proben werden im weiteren Verlauf kurz als „Nicht gefressen" bezeichnet. 72 der 89 Pflanzenproben stammen von Pflanzen, die die Tiere während der Regen- bzw. Trockenzeit verzehrten. Diese Proben werden im weiteren Verlauf kurz als „Gefressen" bezeichnet.

Tabelle 3.32: Zuordnung der von den Sclater's Makis während der Trockenzeit nicht gefressenen Pflanzen

Pflanzenfamilie	Anzahl der Pflanzenarten	Pflanzenfamilie	Anzahl der Pflanzenarten
Rubiaceae	5	Arecaceae	1
Fabaceae	1	Asclepiadaceae	1
Clusiaceae	1	Myrtaceae	1
Sapindaceae	1	Pittospraceae	1
Anacardiaceae	1	Rutaceae	1
Celastraceae	1	Solanaceae	1
Apocynaceae	1		

Tabelle 3.32 zeigt die Zuordnung der 17 Pflanzenproben „Nicht gefressen" zu den entsprechenden Pflanzenfamilien. Insgesamt verteilten sich die 17 verschiedenen von den Sclater's Makis während der Trockenzeit nicht verzehrten Pflanzen auf 13 Pflanzenfamilien. Der überwiegende Teil der Pflanzenfamilien war mit nur einer

Pflanzenart vertreten (92%). Lediglich die Rubiaceae waren mit 5 Pflanzenarten vertreten.

Tabelle 3.33: Zuordnung der von den Sclater's Makis während der Regen- bzw. Trockenzeit gefressenen Pflanzen

Pflanzenfamilie	Anzahl der Pflanzenarten	Pflanzenfamilie	Anzahl der Pflanzenarten
Rubiaceae	7	Araliaceae	1
Fabaceae	6	Arecaceae	1
Moraceae	5	Bambusaceae	1
Annonaceae	4	Boraginaceae	1
Clusiaceae	4	Burseraceae	1
Sapindaceae	4	Chrysobalanaceae	1
Anacardiaceae	3	Convallariaceae	1
Euphorbiaceae	3	Convolvulaceae	1
Malvaceae	3	Ebenaceae	1
Monimiaceae	3	Erythroxylaceae	1
Celastraceae	2	Leeaceae	1
Connaraceae	2	Loganiaceae	1
Lauraceae	2	Menispermaceae	1
Salicaceae	2	Pandanaceae	1
Violaceae	2	Passifloraceae	1
Anisophylleaceae	1	Sapotaceae	1
Aphloiaceae	1	Smilacaceae	1
Apocynaceae	1		

Tabelle 3.33 gibt die Zuordnung der 72 Pflanzenproben „Gefressen“ in die entsprechenden Pflanzenfamilien wieder. Insgesamt verteilten sich die 72 verschiedenen von den Sclater's Makis während der Regen- bzw. Trockenzeit verzehrten Pflanzen auf 35 Pflanzenfamilien. Der überwiegende Teil der Pflanzenfamilien war mit nur einer Pflanzenart vertreten (57%). Fünf Pflanzenfamilien stellten 2, vier Pflanzenfamilien 3 und drei Pflanzenfamilien 4 Pflanzenarten. Die Moraceae waren mit 5 Pflanzenarten, die Fabaceae mit 6 und die Rubiaceae mit 7 Pflanzenarten vertreten.

3.2.1.2 Nährstoffzusammensetzung der madagassischen Pflanzen

Die Ergebnisse der Nährstoffanalysen der madagassischen Pflanzen sind im Anhang vollständig dargestellt (Tabelle 7.19). In den folgenden Tabellen sind die Pflanzenproben nach den Kriterien „Zeitpunkt der Sammlung“, „Standort“, „Gefressene Pflanzenteile“ sowie „Gefressen“ bzw. „Nicht gefressen“ sortiert und zusammengefasst (vgl. Tabelle 7.18 im Anhang). Als deskriptive Parameter werden Median, unteres (= 25%) sowie oberes (= 75%) Quartil angegeben.

Tabelle 3.34: Vergleich der mittleren Nährstoffzusammensetzung (Median) madagassischer Pflanzen, die während der Regen- bzw. Trockenzeit verfügbar waren (= Futterangebot)

	Regenzeit	25%	75%	Trockenzeit	25%	75%	S/NS
XA	55,8 g/kg T	36,3	71,2	58,7 g/kg T	43,6	83,4	NS (p=0,221)
NDF	553 g/kg T	463	678	555 g/kg T	467	643	NS (p=0,557)
ADF	420 g/kg T	340	524	415 g/kg T	329	501	NS (p=0,776)
ADL	215 g/kg T	158	291	224 g/kg T	177	272	NS (p=0,938)
N*6,25	91,8 g/kg T	62,1	130,8	86,6 g/kg T	60,3	126,3	NS (p=0,691)
XL	32,5 g/kg T	15,5	61,7	34,0 g/kg T	13,9	60,3	NS (p=0,863)
NFC	291 g/kg T	216	398	263 g/kg T	211	285	NS (p=0,219)
Energie	7,7 MJ/kg	5,6	9,5	7,0 MJ/kg	5,6	8,5	NS (p=0,394)

XA, NDF, ADF, ADL, N*6,25, XL, NFC, Energie = vgl. Kapitel 2.1.5.2 Nährstoffanalysen

25% = unteres Quartil 75% = oberes Quartil T = Trockenmasse

S = Signifikanter Unterschied; NS = Nicht signifikanter Unterschied

Es wurden 68 Pflanzenproben in der Regenzeit und 44 Pflanzenproben in der Trockenzeit gesammelt. Der Vergleich des Nahrungsangebots, das während der Regen- bzw. Trockenzeit verfügbar war, zeigte keine signifikanten Unterschiede in Hinblick auf die Nährstoffzusammensetzung (Ergebnisse der statistischen Auswertung: siehe Anhang Statistik Kapitel 3.2.2.2 Nährstoffzusammensetzung der madagassischen Pflanzen).

Tabelle 3.35: Vergleich der mittleren Nährstoffzusammensetzung (Median) madagassischer Pflanzen, die im Primärwald und / oder Sekundärwald wuchsen (= Futterangebot)

	Primärwald	25%	75%	Sekundärwald	25%	75%	S/NS
XA	55,8 g/kg T	42,8	81,7	45,2 g/kg T	36,1	59,9	**S (p=0,041)**
NDF	533 g/kg T	461	667	545 g/kg T	465	633	NS (p=0,949)
ADF	409 g/kg T	330	530	435 g/kg T	337	515	NS (p=0,769)
ADL	221 g/kg T	170	291	251 g/kg T	159	294	NS (p=0,793)
N*6,25	83,2 g/kg T	62,7	113,0	80,8 g/kg T	58,5	111,0	NS (p=0,567)
XL	20,3 g/kg T	10,0	48,1	42,3 g/kg T	15,7	73,2	NS (p=0,373)
NFC	281 g/kg T	223	390	281 g/kg T	219	363	NS (p=0,800)
Energie	7,6 MJ/kg	5,0	9,3	7,6 MJ/kg	5,7	8,9	NS (p=0,991)

XA, NDF, ADF, ADL, N*6,25, XL, NFC, Energie = vgl. Kapitel 2.1.5.2 Nährstoffanalysen

25% = unteres Quartil 75% = oberes Quartil T = Trockenmasse

S = Signifikanter Unterschied; NS = Nicht signifikanter Unterschied

22 Pflanzenproben konnten eindeutig als (ausschließlich) Primärwaldpflanzen, 19 Pflanzenproben eindeutig als (ausschließlich) Sekundärwaldpflanzen identifiziert werden. 25 Pflanzenproben stammen von Pflanzen, die sowohl im Primär- als auch im Sekundärwald wuchsen. Der Vergleich der Nährstoffzusammensetzung madagassischer Pflanzen, die im Primär- und / oder Sekundärwald wuchsen, zeigte einen signifikanten Unterschied im Hinblick auf den XA-Gehalt der Pflanzen; der XA-Gehalt von Primärwaldpflanzen war signifikant höher als der XA-Gehalt von Sekundärwaldpflanzen. In der restlichen Nährstoffzusammensetzung ließen sich keine signifikanten Unterschiede feststellen (Ergebnisse der statistischen Auswertung: siehe Anhang Statistik Kapitel 3.2.2.2 Nährstoffzusammensetzung der madagassischen Pflanzen).

Der Vergleich des Nahrungsangebots, das zu verschiedenen Zeitpunkten (Regen- bzw. Trockenzeit) an verschiedenen Standorten (Primär- bzw. Sekundärwald) verfügbar war, zeigte keine signifikanten Unterschiede im Hinblick auf die Nährstoffzusammensetzung (Ergebnisse der statistischen Auswertung: siehe Anhang Statistik Kapitel 3.2.2.2 Nährstoffzusammensetzung der madagassischen Pflanzen Tabellen 7.20 bis 7.23).

In der Trockenzeit wurde beobachtet, dass die Tiere Futterwahlverhalten zeigten; daraufhin wurden neben Proben von Pflanzen, die die Tiere fraßen (kurz „Gefressen"), auch Proben von Pflanzen, die die Tiere nicht fraßen (kurz „Nicht gefressen"), gesammelt. 26 der insgesamt 44 in der Trockenzeit gesammelten Pflanzenproben wurden von den Tieren gefressen, während 18 Pflanzenproben nicht von den Tieren konsumiert wurden.

Tabelle 3.36: Vergleich der mittleren Nährstoffzusammensetzung (Median) madagassischer Pflanzen, die während der Trockenzeit verfügbar waren und von den Tieren konsumiert bzw. nicht konsumiert wurden

	Gefressen	25%	75%	Nicht gefressen	25%	75%	S /NS
XA	61,9 g/kg T	44,2	82,2	53,8 g/kg T	37,7	94,7	NS (p=0,310)
NDF	537 g/kg T	475	627	577 g/kg T	429	658	NS (p=0,588)
ADF	408 g/kg T	331	495	447 g/kg T	326	526	NS (p=0,579)
ADL	196 g/kg T	138	264	239 g/kg T	206	282	NS (p=0,104)
N*6,25	105,0 g/kg T	75,4	130,8	62,2 g/kg T	39,6	91,3	**S (p=0,042)**
XL	42,3 g/kg T	15,7	59,3	31,9 g/kg T	7,7	59,4	NS (p=0,651)
NFC	225 g/kg T	191	280	275 g/kg T	251	448	NS (p=0,340)
Energie	7,0 MJ/kg	6,0	8,2	6,9 MJ/kg	5,3	10,4	NS (p=0,960)

XA, NDF, ADF, ADL, N*6,25, XL, NFC, Energie = vgl. Kapitel 2.1.5.2 Nährstoffanalysen

25% = unteres Quartil 75% = oberes Quartil T = Trockenmasse

S = Signifikanter Unterschied; NS = Nicht signifikanter Unterschied

Der Vergleich der Nährstoffzusammensetzung madagassischer Pflanzen, die während der Trockenzeit verfügbar waren und von den Tieren konsumiert bzw. nicht konsumiert wurden, zeigte einen signifikanten Unterschied im Hinblick auf den N*6,25-Gehalt der Pflanzen. Dieser war bei den gefressenen Pflanzen signifikant höher als bei den nicht gefressenen Pflanzen. In der restlichen Nährstoffzusammensetzung ließen sich keine signifikanten Unterschiede feststellen (Ergebnisse der statistischen Auswertung: siehe Anhang Statistik Kapitel 3.2.2.2 Nährstoffzusammensetzung der madagassischen Pflanzen).

Der Vergleich der Nährstoffzusammensetzung madagassischer Früchte, die während der Trockenzeit verfügbar waren und von den Tieren konsumiert bzw. nicht konsumiert wurden, zeigte keine signifikanten Unterschiede (Ergebnisse der statistischen Auswertung: siehe Anhang Statistik Kapitel 3.2.2.2 Nährstoffzusammensetzung der madagassischen Pflanzen Tabelle 7.24).

Tabelle 3.37: Vergleich der mittleren Nährstoffzusammensetzung (Median) von Blättern madagassischer Pflanzen, die während der Trockenzeit verfügbar waren und von den Tieren konsumiert bzw. nicht konsumiert wurden

	N_1	Blätter Gefressen	25%	75%	N_2	Blätter Nicht gefressen	25%	75%	S /NS
XA	11	71,1 g/kg T	41,4	96,5	7	94,7 g/kg T	58,5	99,4	NS (p=0,415)
NDF	11	506 g/kg T	408	558	7	490 g/kg T	424	676	NS (p=0,717)
ADF	11	352 g/kg T	296	376	7	326 g/kg T	310	526	NS (p=0,717)
ADL	11	178 g/kg T	95	197	7	274 g/kg T	228	326	**S (p=0,008)**
N*6,25	8	142,0 g/kg T	122,5	169,0	1	65,2 g/kg T	-	-	Nicht möglich.

XA, NDF, ADF, ADL, N*6,25 = vgl. Kapitel 2.1.5.2 Nährstoffanalysen

25% = unteres Quartil 75% = oberes Quartil T = Trockenmasse

N_1 = Anzahl Proben Blätter „Gefressen“ N_2 = Anzahl Proben Blätter „Nicht gefressen“

S = Signifikanter Unterschied; NS = Nicht signifikanter Unterschied

Der Vergleich der Nährstoffzusammensetzung madagassischer Blätter, die während der Trockenzeit verfügbar waren und von den Tieren konsumiert bzw. nicht konsumiert wurden, zeigte einen signifikanten Unterschied in Hinblick auf den ADL-Gehalt; Blätter, die nicht gefressen wurden, hatten einen signifikant höheren ADL-Gehalt als gefressene Blätter. In der restlichen Nährstoffzusammensetzung ließen sich keine signifikanten Unterschiede feststellen (Ergebnisse der statistischen Auswertung: siehe Anhang Statistik Kapitel 3.2.2.2 Nährstoffzusammensetzung der madagassischen Pflanzen).

3.3 Vergleich Zoo- und Freilandstudien

Im folgenden Kapitel werden die Daten, die im Zoo Köln und Zoo Mulhouse erhoben wurden, unter *ex situ* zusammengefasst und den Freilanddaten (*in situ*) gegenübergestellt.

3.3.1 Vergleich der Nährstoffzusammensetzung des Futterangebots

In Tabelle 3.38 wird das durchschnittliche Nahrungsangebot im Freiland dem mittleren Nahrungsangebot im Zoo gegenübergestellt.

Tabelle 3.38: Vergleich der mittleren Nährstoffzusammensetzung (Median) des Nahrungsangebotes im Zoo (*ex situ*) / *in situ* (Freiland)

	Angebot *in situ*	**25%**	**75%**	**Angebot *ex situ***	**25%**	**75%**	**S/NS**
XA	55,8 g/kg T	39,6	72,5	63,4 g/kg T	34,0	90,6	NS (p=0,464)
NDF	558 g/kg T	473	655	163 g/kg T	120	216	**S (p<0,001)**
ADF	419 g/kg T	347	510	85 g/kg T	49	122	**S (p<0,001)**
ADL	209 g/kg T	162	285	28 g/kg T	12	48	**S (p<0,001)**
N*6,25	94,4 g/kg T	63,5	133,0	152,0 g/kg T	98,0	228,3	**S (p<0,001)**
XL	32,9 g/kg T	15,9	61,2	25,0 g/kg T	11,3	65,3	NS (p=0,359)
NFC	279 g/kg T	186	360	565 g/kg T	450	712	**S (p<0,001)**
Energie	7,3 MJ/kg	5,6	9,0	13,8 MJ/kg	12,9	14,8	**S (p<0,001)**

XA, NDF, ADF, ADL, N*6,25, XL, NFC, Energie = vgl. Kapitel 2.1.5.2 Nährstoffanalysen

25% = unteres Quartil 75% = oberes Quartil T = Trockenmasse

S = Signifikanter Unterschied; NS = Nicht signifikanter Unterschied

Der Vergleich der Nährstoffzusammensetzung des Nahrungsangebots im Zoo und im Freiland zeigt signifikante Unterschiede im Hinblick auf NDF-, ADF-, ADL-, N*6,25-, NFC- sowie Energiegehalt der Futtermittel. Lediglich im XA- sowie XL-Gehalt ließen sich keine signifikanten Unterschiede nachweisen (Ergebnisse der statistischen Auswertung: siehe Anhang Statistik Kapitel 3.3.2 Vergleich der Nährstoffzusammensetzung des Futterangebots).

Die Zoo-Diät zeichnet sich durch eine größere Energiedichte sowie einen im Vergleich zum Nahrungsangebot im Freiland geringen Fasergehalt aus.

Das in Tabelle 3.38 aufgeführte *ex situ* Nahrungsangebot enthält Futtermittel wie beispielsweise Getreideprodukte, die im Freiland nicht verfügbar waren (vgl. Kapitel 3.1.2 ff.). Im Folgenden wurde die durchschnittliche Nährstoffzusammensetzung der dem *in situ* Nahrungsangebot „ähnlichen" *ex situ* Futtermittelkategorien Früchte und Gemüse mit der mittleren Nährstoffzusammensetzung madagassischer Früchte und Blätter verglichen. Tabelle 3.39 stellt zunächst die mittlere Nährstoffzusammensetzung der Futtermittelkategorien Früchte *in situ*, Blätter *in situ*, Früchte *ex situ* und Gemüse *ex situ* dar. Tabelle 3.40 fasst die Ergebnisse der statistischen Auswertung zusammen (Ergebnisse der statistischen Auswertung: siehe Anhang Statistik Kapitel 3.3.2 Vergleich der Nährstoffzusammensetzung des Futterangebots). Um Wiederholungen zu vermeiden, werden die Tabellen 3.39 und 3.40 zusammenfassend beschrieben.

Tabelle 3.39: Vergleich der mittleren Nährstoffzusammensetzung (Median) der Futtermittelkategorien Früchte *in situ* (im Freiland), Blätter *in situ* (im Freiland), Früchte *ex situ* (im Zoo) und Gemüse *ex situ* (im Zoo)

	Früchte *in situ*	**Blätter *in situ***	**Früchte *ex situ***	**Gemüse *ex situ***
XA	45,2 g/kg T	67,2 g/kg T	33,9 g/kg T	87,8 g/kg T
NDF	551 g/kg T	558 g/kg T	111 g/kg T	159 g/kg T
ADF	420 g/kg T	415 g/kg T	77 g/kg T	111 g/kg T
ADL	219 g/kg T	221 g/kg T	25 g/kg T	39 g/kg T
N*6,25	72,0 g/kg T	130,0 g/kg T	58,4 g/kg T	150,0 g/kg T
XL	32,9 g/kg T	31,2 g/kg T	9,89 g/kg T	16,6 g/kg T
NFC	283 g/kg T	151 g/kg T	776 g/kg T	562 g/kg T
Energie	7,8 MJ/kg	5,7 MJ/kg	15,0 MJ/kg	13,1 MJ/kg

XA, NDF, ADF, ADL, N*6,25, XL, NFC, Energie = vgl. Kapitel 2.1.5.2 Nährstoffanalysen

*Auf die Angabe der Quartilen wurde mit Rücksicht auf die Übersichtlichkeit verzichtet. Sie sind den Tabellen 7.25 und 7.26 zu entnehmen.

Tabelle 3.40: Signifikante (S) bzw. nicht signifikante (NS) Unterschiede in Hinblick auf die mittlere Nährstoffzusammensetzung zwischen den Futtermittelkategorien Früchte *in situ* (im Freiland), Blätter *in situ* (im Freiland), Früchte *ex situ* (im Zoo) und Gemüse *ex situ* (im Zoo)

Übersicht	Blätter *in situ*	Früchte *ex situ*	Gemüse *ex situ*
Früchte *in situ*	3x S 5x NS	7x S 1x NS	8x S
Blätter *in situ*	-	7x S 1x NS	6x S 2x NS
Früchte *ex situ*	-	-	5x S 3x NS

Aus Tabelle 3.40 ist ersichtlich, welche Futtermittelkategorien sich in Hinblick auf ihre mittlere Nährstoffzusammensetzung am meisten voneinander unterschieden bzw. welche Futtermittelkategorien die größte Ähnlichkeit besaßen. Es ergibt sich folgendes Bild:

Früchte *in situ* ≠ Gemüse *ex situ* (8xS): Der NDF-, ADF-, ADL- und XL-Gehalt madagassischer Früchte waren signifikant höher als der des im Zoo verfütterten Gemüses, während der XA-, N*6,25-, NFC- und Energiegehalt signifikant niedriger waren.

Früchte *in situ* ≠ Früchte *ex situ* (7xS, 1xNS): Der XA-, NDF-, ADF-, ADL-, und XL-Gehalt madagassischer Früchte waren signifikant höher als der der im Zoo verfütterten Früchte, während der NFC- und Energiegehalt signifikant niedriger waren. Es ließen sich keine signifikanten Unterschiede hinsichtlich des N*6,25-Gehaltes feststellen.

Blätter *in situ* ≠ Früchte *ex situ* (7xS, 1xNS): Der XA-, NDF-, ADF-, ADL- und N*6,25-Gehalt madagassischer Blätter waren signifikant höher als der der im Zoo verfütterten Früchte, während der NFC- und Energiegehalt signifikant niedriger waren. Es ließen sich keine signifikanten Unterschiede hinsichtlich des XL-Gehaltes feststellen.

Blätter *in situ* ≠ Gemüse *ex situ* (6xS, 2xNS): Der NDF-, ADF- und ADL- Gehalt madagassischer Blätter waren signifikant höher als der des im Zoo verfütterten Gemüses, während der XA-, NFC- und Energiegehalt signifikant niedriger waren. Es ließen sich keine signifikanten Unterschiede hinsichtlich der N*6,25- und XL-Gehalte feststellen.

Früchte *ex situ* ≠ Gemüse *ex situ* (5xS, 3xNS): Der NFC- und Energiegehalt der im Zoo verfütterten Früchte waren signifikant höher als der des im Zoo verfütterten Gemüses, während der XA-, NDF-, N*6,25-Gehalt signifikant niedriger waren. Es ließen sich keine signifikanten Unterschiede hinsichtlich der ADF-, ADL- und XL-Gehalte feststellen.

Früchte *in situ* ≠ Blätter *in situ* (3xS, 5xNS): Der NFC-Gehalt madagassischer Früchte war signifikant höher als der madagassischen Blätter, während der XA- und N*6,25-Gehalt signifikant niedriger waren. Es ließen sich keine signifikanten Unterschiede hinsichtlich der restlichen Nährstoffzusammensetzung feststellen.

4 Diskussion

Die vorliegende Studie behandelt die Fettleibigkeitsproblematik bei Sclater's Makis und Kronenmakis in menschlicher Obhut. Ziel der Arbeit war es, durch die Verknüpfung von *in situ* sowie *ex situ* Arbeiten erstmalig ein umfassendes Bild der Nahrungsökologie von *Eulemur macaco flavifrons* zu zeichnen sowie eine Zoo-Diät zu entwerfen, die mehr den natürlichen Ansprüchen dieser Art entspricht, was langfristig zu einer Verbesserung des Erhaltungszuchtprogrammes beiträgt.

4.1 Zoostudien

Ernährungsuntersuchungen im Zoo unterscheiden sich in einigen Punkten grundlegend von Ernährungsuntersuchungen an Haus- bzw. Nutztieren, die für Versuchszwecke gehalten werden. Letztere werden meist in Stoffwechselkäfigen durchgeführt, die die Bewegungsfreiheit der Tiere während der Datenaufnahme einschränken, jedoch die exakte Ermittlung der Daten auf Basis des Individuums erlauben. Das Futterangebot ist zumeist restriktiv, d.h. es beschränkt sich auf wenige Futtermittel; dies hat eine einheitliche Zusammensetzung des Futters und der Faeces zur Folge, was wiederum für die Exaktheit von Verdaulichkeitsbestimmungen von Bedeutung ist. Haus- bzw. Nutztiere sind engen Kontakt mit Menschen gewöhnt; von der täglichen Routine abweichende Arbeitsabläufe bedeuten für sie nach einer gewissen Gewöhnungszeit relativ wenig Stress.

Ernährungsuntersuchungen im Zoo sind hingegen einigen Einschränkungen unterworfen; so sind Änderungen der Haltungsbedingungen, wie die (mitunter auch nur zeitweise) Abtrennung von Gruppenmitgliedern oder die Einschränkung des Futterangebots, meist nicht möglich (HUMMEL 2003). Häufig ist eine Vielzahl von Mitarbeitern mit der Pflege der Tiere beschäftigt, so dass sich leicht kleinere Änderungen in der täglichen Routine ergeben können. Prinzipiell muss sich eine Untersuchung im Umfeld Zoo in bereits bestehende Arbeitsabläufe einfügen und darf das Wohlergehen der Tiere nicht beeinträchtigen. Wildtiere gelten zudem als störanfälliger im Vergleich zu Haus- bzw. Nutztieren, so dass eine stärkere Reaktion auf Eingriffe seitens des Menschen zu erwarten ist.

Sofern die Wirkung der Einschränkungen auf die Aussagekraft der Daten bei deren Interpretation berücksichtigt wird, lassen sich auch unter - im Vergleich zum Haus-

und Nutztierbereich - eingeschränkten Bedingungen Untersuchungen durchführen, die ihrerseits einen Beitrag zur Verbesserung der Ernährung und damit Haltung der Tiere leisten können. Dessen ungeachtet bietet die Zoosituation häufig die einzigartige Möglichkeit, Untersuchungen, die im Freiland nicht praktikabel sind, durchzuführen (HUMMEL 2003).

Das Körpergewicht eines Tieres gilt im Allgemeinen als Indikator seines Gesundheitszustands (LEIGH 1994). Der Vergleich der Körpergewichte frei lebender und in menschlicher Obhut gehaltener Primaten, insbesondere Lemuren, bestätigt, dass letztere im Durchschnitt schwerer sind als ihre freilebenden Artgenossen und zu Fettleibigkeit neigen (SCHAAF & STUART 1983; LEIGH 1994; PEREIRA & POND 1995; TERRANOVA & COFFMAN 1997; SCHWITZER & KAUMANNS 2001; SCHWITZER 2003). TERRANOVA & COFFMAN (1997) stellten signifikante Unterschiede im Vergleich der Körpergewichte von frei lebenden und in menschlicher Obhut gehaltenen Lemuren fest. Die im Rahmen ihrer Studien nach KEMNITZ *et al.* (1989) durchgeführte Bestimmung der Zahl fettleibiger Tiere in menschlicher Obhut ergab, dass *Eulemur coronatus* mit 17 % (N=30) die niedrigste und *Eulemur macaco flavifrons* mit 95 % (N=21) die höchste Fettleibigkeitsrate aller untersuchter Arten aufwiesen. Untersuchungen von SCHWITZER (2003) an verschiedenen Lemurenarten in europäischen Zoos stützen diese Ergebnisse; sie ergaben eine Fettleibigkeitsrate von 55,6 % für *Eulemur coronatus* (N=9) sowie 80 % für *Eulemur macaco flavifrons* (N=10).

Die vorliegende Untersuchung der Körpergewichte von *Eulemur macaco flavifrons* und *Eulemur coronatus* sowie die Bestimmung der Fettleibigkeit nach KEMNITZ *et al.* (1989) ergaben, dass Fettleibigkeit sowohl im Zoo Köln als auch im Zoo Mulhouse auftrat, wenngleich sie sich im Zoo Mulhouse auf die Tiere der Unterart *Eulemur macaco flavifrons* beschränkte. Die Fettleibigkeitsrate lag demnach für *Eulemur macaco flavifrons* bei 100% (N=9), für *Eulemur coronatus* lag sie bei 33,3% (N=9). Die Ergebnisse der aktuellen Studie stehen somit im Einklang mit den Ergebnissen von TERRANOVA & COFFMAN (1997) und SCHWITZER (2003). Hormonelle Verhütungsmethoden, wie sie PORTUGAL & ASA (1995) als mögliche Ursache für Fettleibigkeit nennen, können sowohl für den Zoo Köln als auch für den Zoo Mulhouse für beide Arten ausgeschlossen werden. Der Vergleich der mittleren

Körpergewichte der Sclater's Makis und Kronenmakis im Zoo Köln und Zoo Mulhouse zeigt, dass die Tiere im Zoo Köln signifikant schwerer waren als die Tiere im Zoo Mulhouse. Geschlechtsspezifische Gewichtsunterschiede konnten weder bei *Eulemur macaco flavifrons* noch bei *Eulemur coronatus* festgestellt werden; dies steht im Einklang mit Untersuchungen von KAPPELER (1991) und BAYART & SIMMEN (2005).

Tabelle 4.1: Übersicht über die in der Literatur verfügbaren mittleren Körpergewichte von *Eulemur coronatus* (Kronenmaki) sowie der Unterarten *Eulemur macaco macaco* (Mohrenmaki) und *Eulemur macaco flavifrons* (Sclater's Maki)

Art		Körpergewicht MW [kg]	N**	Quelle
E. coronatus	*ex situ*	1,651 (± 0,402)	9	Vorliegende Untersuchung
E. coronatus	*ex situ*	1,819 (± 0,226)	9	SCHWITZER (2003)
E. coronatus	*ex situ*	1,660 (± 0,238)	30	TERRANOVA&COFFMAN (1997)
E. coronatus	*ex situ*	1,700*		KAPPELER (1991)
E. coronatus	*in situ*	1,177 (± 0,224)	4	TERRANOVA&COFFMAN (1997)
E. m. flavifrons	*ex situ*	2,611 (± 0,274)	9	Vorliegende Untersuchung
E. m. flavifrons	*ex situ*	2,505 (± 0,295)	10	SCHWITZER (2003)
E. m. flavifrons	*ex situ*	2,339 (± 0,185)	21	TERRANOVA&COFFMAN (1997)
E. m. flavifrons	*ex situ*	2,306*	8	KAPPELER (1991)
E. m. flavifrons	*in situ*	1,96*	21	RANDRIATAHINA (pers. Mitt.)
E. m. flavifrons	*in situ*	1,793 (± 0,209)	7	TERRANOVA&COFFMAN (1997)
E. m. macaco	*ex situ*	2,385 (± 0,299)	8	SCHWITZER (2003)
E. m. macaco	*ex situ*	2,473 (± 0,260)	66	TERRANOVA&COFFMAN (1997)
E. m. macaco	*ex situ*	2,484*	35	KAPPELER (1991)
E. m. macaco	*in situ*	2,173*	6	BAYART&SIMMEN (2005)

*Basierend auf den Mittelwerten für Männchen und Weibchen

**N = Anzahl der Individuen

Tabelle 4.1 gibt eine Übersicht über die in der Literatur verfügbaren mittleren Körpergewichtsdaten der Unterarten *Eulemur macaco flavifrons* (Sclater's Maki) und *Eulemur macaco macaco* (Mohrenmaki) sowie von *Eulemur coronatus* (Kronenmaki). Da geschlechtsspezifische Gewichtsunterschiede bislang weder bei *Eulemur macaco* noch bei *Eulemur coronatus* festgestellt werden konnten (KAPPELER 1991; BAYART & SIMMEN 2005), wurden die Körpergewichte von männlichen und weiblichen Tieren entsprechend zusammengefasst. Das mittlere Körpergewicht von *Eulemur coronatus* in menschlicher Obhut liegt mit durchschnittlich 1,651 kg bis

1,819 kg beinahe ein Drittel über dem mittleren Freiland-Körpergewicht von 1,177 kg. Mit durchschnittlich 2,306 kg bis 2,611 kg liegt das mittlere Körpergewicht von *Eulemur macaco flavifrons* in menschlicher Obhut rund ein Viertel über dem mittleren Körpergewicht im Freiland (1,793 kg bis 1,96 kg).

Grundsätzlich gilt zu bedenken, dass die mittleren Freilandkörpergewichte im Vergleich zur Zoosituation auf verhältnismäßig wenigen Daten basieren. Nichtsdestotrotz bieten sie Anhaltspunkte, die beispielsweise eine Bewertung der Körpergewichte in menschlicher Obhut ermöglichen. Da davon ausgegangen werden muss, dass unter natürlichen Lebensbedingungen das Nahrungsangebot wenigstens zeitweilig limitiert ist, so dass sich die meisten Lebewesen in einem Zustand des latenten oder tatsächlichen Nahrungs- und damit Energiedefizits befinden (WECHSLER 1998), trägt die Information über den Zeitpunkt der Wägung entscheidend zur Qualität und Nutzbarkeit der Daten bei; eine Tatsache, die lediglich bei BAYART&SIMMEN (2005) Berücksichtigung findet. Diese Autoren ermittelten die Freiland-Körpergewichte von *Eulemur macaco macaco* in der Mitte der Regenzeit. Da die Regenzeit gemeinhin als die Phase des Jahres angesehen wird, in der das Nahrungsangebot vergleichsweise ergiebig ist, kann man davon ausgehen, dass sich die Tiere hier in einem guten körperlichen Zustand befanden. Diese Information ist maßgeblich für die Beurteilung der Zoosituation, da diese Werte im Gegensatz zu Werten, die gegen Ende der nahrungsärmeren Trockenzeit ermittelt wurden, die Grundlage für ein realistisches Körpergewicht darstellen.

Betrachtet man das Maß der auftretenden Fettleibigkeit (vgl. Kapitel 2.1.2), so fällt auf, dass die Problematik im Zoo Köln deutlich verschärft auftrat; die Sclater's Makis überschritten den Grenzwert von 2211 g um 23,3 - 37,0 %, die Kronenmakis lagen mit 27,6 - 37,8 % ebenfalls deutlich über dem Grenzwert von 1625 g. Im Zoo Mulhouse zeigte lediglich ein Tier eine mit der im Zoo Köln vergleichbare Überschreitung des Grenzwertes von 27,5 % (Saartje). Alle anderen Sclater's Makis überschritten den Grenzwert lediglich um 1,3 - 16,2 %. Die Ergebnisse der Untersuchung der Körpergewichte legen nahe, dass unterschiedliche Haltungskonzepte sowie Fütterungsregime bestehen, die einerseits die Fettleibigkeitsproblematik verschärfen (Zoo Köln), andererseits zu einer Entschärfung (Zoo Mulhouse) beitragen.

Die Futtermengen, die *Eulemur macaco flavifrons* im Zoo Köln und im Zoo Mulhouse gefüttert wurden, wiesen keine signifikanten Unterschiede auf (Ø 59,6 g T ≠ Ø 54,3 g T), wohingegen die Futtermengen, die *Eulemur coronatus* im Zoo Köln und im Zoo Mulhouse gefüttert wurden, signifikante Unterschiede aufzeigten: die Kronenmakis im Zoo Köln bekamen durchschnittlich 20,6 g T pro Tier und Tag mehr als die Kronenmakis im Zoo Mulhouse (Ø 53,5 g T ≠ Ø 32,9 g T). Wenngleich die Futtermenge nur bedingte Aussagekraft hat und grundsätzlich die Futter- und damit Nährstoffzusammensetzung sowie die Energiedichte entscheidend für die Beurteilung einer Ration sind, so werden hier bereits Analogien zu den Ergebnissen der Körpergewichtsuntersuchungen deutlich.
Der Vergleich der Futterzusammensetzung im Zoo Köln und im Zoo Mulhouse zeigt, dass Futtermittel unterschiedlicher Futtermittelkategorien verfüttert wurden. Zudem bestehen Unterschiede im Hinblick auf die Mengenverhältnisse, die in beiden Einrichtungen verfüttert wurden. Die beschriebenen Unterschiede in der Futterzusammensetzung spiegeln sich in der Nährstoffzusammensetzung der Rationen wider. Im Zoo Köln war der N*6,25-Gehalt signifikant höher als im Zoo Mulhouse; im Zoo Mulhouse war der NFC-Gehalt signifikant erhöht. Die tägliche Energieaufnahme der Sclater's Makis im Zoo Köln lag rund 20,4% über der ihrer Artgenossen im Zoo Mulhouse. Die tägliche Energieaufnahme der Kronenmakis im Zoo Köln lag sogar 79% über der ihre Artgenossen im Zoo Mulhouse. Die im Zoo Köln und im Zoo Mulhouse verwendete Diät zeichnete sich insgesamt durch eine hohe Trockenmasseverdaulichkeit von ~80% für *Eulemur macaco flavifrons* sowie ~84% für *Eulemur coronatus* aus. Es wurden keine deutlichen Unterschiede zwischen *Eulemur coronatus* sowie *Eulemur macaco flavifrons* hinsichtlich ihrer Verdauungsleistung gefunden. Es ist naheliegend, dass denkbare Unterschiede erst mit zunehmendem Fasergehalt der Nahrung erkennbar werden (CAMPBELL *et al.* 1999, 2000, 2002, 2004a, 2004b; EDWARDS & ULLREY 1999a).

Alle bislang daraufhin untersuchten Lemuren sind durch einen für Säugetiere ungewöhnlich niedrigen Grundumsatz charakterisiert (McCORMICK 1981; MÜLLER 1983; DANIELS 1984; RICHARD & NICOLL 1987; SCHMID & GANZHORN 1996; für eine Übersicht siehe ROSS 1992), der als Anpassung an ihre teils stark saisonalen Lebensräume, die die Nahrungsversorgung unvorhersehbar machen, gewertet werden (WRIGHT 1999). Das Fehlen saisonaler Schwankungen in der

Nahrungsaufnahme von *Eulemur macaco flavifrons* in menschlicher Obhut lässt den Schluss zu, dass sich die Steuerung der Futteraufnahme bei *Eulemur macaco flavifrons* vorrangig am Futterangebot und dessen Verfügbarkeit orientiert und nur zu einem geringen Grad intrinsisch motiviert ist. Diese Beobachtungen stehen im Einklang mit WRIGHT (1999) und SCHWITZER (2003), die dieses Verhalten ebenfalls als eine Anpassung an einen stark saisonalen Lebensraum mit einer unbeständigen Nahrungsversorgung werten. Im Hinblick auf die Situation in menschlicher Obhut, in der stabile Klima- und teils superoptimale Fütterungsbedingungen vorherrschen, können sich hieraus gravierende Probleme wie beispielsweise Fettleibigkeit ergeben.

Zusammenfassend lässt sich feststellen, dass die Kronenmakis im Zoo Mulhouse ihrem Energiehaushalt entsprechend gefüttert wurden, was sich in ihren innerhalb des Bereichs der Freiland-Körpergewichte liegenden Körpergewichten niederschlägt. Indes wurden die Sclater's Makis im Zoo Mulhouse über ihren Bedarf hinaus mit Nährstoffen und Energie versorgt, was zu einer, wenn auch leicht ausgeprägten, Fettleibigkeit führte. Im Zoo Köln wurden sowohl die Kronenmakis als auch die Sclater's Makis weit über ihren Bedarf hinaus gefüttert, was zu einer massiven Form der Fettleibigkeit führte. Die hohe Energiedichte, der äußerst geringe Fasergehalt und die hohe Trockenmasseverdaulichkeit der Zoo-Diät in Kombination mit einem für Lemuren typischen, im Vergleich zu anderen Säugetieren ungewöhnlich niedrigen Grundumsatz können als Ursachen für die in menschlicher Obhut auftretende Fettleibigkeit bei *Eulemur coronatus* sowie *Eulemur macaco flavifrons* angesehen werden.

Alle bislang untersuchten *Eulemur coronatus* (Kronenmaki), *Eulemur macaco flavifrons* (Sclater's Maki) und *Eulemur macaco macaco* (Mohrenmaki) in menschlicher Obhut waren deutlich schwerer als Tiere der jeweiligen Art im Freiland. Die Tatsache, dass unter natürlichen Lebensbedingungen das Nahrungsangebot wenigstens zeitweilig limitiert ist und die Tiere sich dementsprechend in einer suboptimalen körperlichen Verfassung befinden, darf nicht dazu führen, dass die Tiere in menschlicher Obhut über ihren Bedarf hinaus Nahrung zur Verfügung gestellt bekommen. Die Beobachtung, dass sich die Steuerung der Futteraufnahme vorrangig am Futterangebot und vor allem an dessen Verfügbarkeit orientiert und nur zu einem geringen Grad intrinsisch motiviert ist, verstärkt die Problematik. Ein zu hohes Körpergewicht kann sich negativ auf den Fortpflanzungserfolg auswirken; eine Tatsache, die in Anbetracht von *ex situ* Zuchtprogrammen besonders gefährdeter Tierarten eine außergewöhnliche Bedeutung erlangt.

4.2 Freilandstudien

Während die Zoostudien ein vollständiges Bild im Hinblick auf die Qualität und Quantität des Futters liefern, bieten die Freilandstudien in erster Linie Anhaltspunkte bezüglich der Qualität des Futterspektrums frei lebender Sclater's Makis. Das Wissen um die Ansprüche von Tierarten an ihren Lebensraum und an ihre Nahrung wird bei der Entwicklung von Schutzprogrammen und bei der Einrichtung von Schutzgebieten für bedrohte Tierarten zunehmend wichtiger (CHAPMAN *et al.* 2003).

Lemuren der Gattung *Eulemur* werden als Nahrungsgeneralisten angesehen, die ein breites Nahrungsspektrum nutzen, das je nach Jahreszeit und Verfügbarkeit der Ressourcen variiert. Sie sind als überwiegend frugivor einzuordnen, wenngleich bezüglich des Grades an Frugivorie habitatabhängige Unterschiede bestehen. Neben Früchten und Blättern wurden sie ferner bei der Jagd nach Insekten, aber auch beim Auflecken von Insektenabsonderungen beobachtet. Sie ergänzen ihren Speiseplan mit Pilzen, Knospen, Blüten, Pollen, Nektar, dem Mark hölzerner Pflanzenstiele sowie Erde (SUSSMAN & TATTERSALL 1976; GANZHORN 1986, 1988, 1989; OVERDORFF 1988, 1992, 1993; WILSON *et al.* 1989; FREED 1996; ANDREWS & BIRKINSHAW 1998; CURTIS & ZARAMODY 1998; VASEY 2000, 2002, 2004; SIMMEN *et al.* 2003, 2007; CURTIS 2004; BOLLEN *et al.* 2005).

4.2.1 Vergleich Futterangebot Regenzeit / Futterangebot Trockenzeit

Saisonale Schwankungen in der Verfügbarkeit wichtiger Nahrungsressourcen werden als Faktoren angesehen, die das Vorkommen von Tieren limitieren. Demzufolge stellt die Trockenzeit saisonaler Wälder die im Hinblick auf Energie- und Nährstoffversorgung heikelste Zeit des Jahres dar. Im Gegensatz hierzu steht jedoch die Beobachtung, dass der Nährstoffgehalt und damit die Qualität von Blättern mit zunehmender Lebensspanne abnehmen (beispielsweise GANZHORN 1992). Dementsprechend sind Blätter laubabwerfender Trockenwälder als qualitativ hochwertiger anzusehen als Blätter immergrüner Regenwälder. Dies bedeutet, dass bedingt durch die, wenn auch nur für wenige Monate verfügbare, qualitativ hochwertigere Nahrung in laubabwerfenden Wäldern, hier höhere Populationsdichten möglich sind als in immergrünen Wäldern. Das Vorkommen von Primaten wird also durch die Qualität und/oder Verfügbarkeit hochwertiger, mitunter nur zeitweilig nutzbarer Nahrungsquellen begrenzt. Magere Zeiten im Jahresverlauf scheinen nur einen geringen Einfluss auf Primatenpopulationen zu haben (GANZHORN *et al.* 2003; VAN SCHAIK 2005). Zudem haben einige Primaten wirkungsvolle Maßnahmen entwickelt, um mit der saisonalen Verknappung wichtiger Nahrungsressourcen fertig zu werden; hierzu zählen die Nutzung alternativer Nahrungsquellen sowie Anpassungen seitens des Verhaltens und des Stoffwechsels (PEREIRA *et al.* 1999; GANZHORN 2002; VAN SCHAIK 2005; für eine Übersicht siehe GANZHORN *et al.* 2003).

Die vorliegende Untersuchung des während der Regen- bzw. Trockenzeit im Ankarafa-Wald in Nordwest-Madagaskar verfügbaren Nahrungsangebots zeigte keine signifikanten Unterschiede im Hinblick auf die Nährstoffzusammensetzung der untersuchten Pflanzen. Wenngleich keine Aussagen zur Menge der verfügbaren Nahrung möglich sind, so lässt sich dennoch feststellen, dass das Nahrungsangebot von *Eulemur macaco flavifrons* im Freiland während der achtmonatigen Datenaufnahme kaum saisonale Schwankungen hinsichtlich seiner Nährstoffzusammensetzung aufwies. Auch CURTIS (2004) beobachtete während ihrer zehnmonatigen Datenaufnahme keinerlei signifikante Schwankungen im Hinblick auf die Futter- und Nährstoffaufnahme von *Eulemur mongoz* während der Trocken- und Regenzeit. Die Autorin schlussfolgert, dass die Nährstoffansprüche sowohl während der Regen- als auch während der Trockenzeit erfüllt werden, so dass die Trockenzeit *Eulemur mongoz* nicht vor größere Probleme stellt, adäquate Nahrung zu finden (CURTIS & ZARAMODY 1998). Untersuchungen von YAMASHITA (2002, 2008) im Südwesten Madagaskars ergaben ebenfalls, dass das Nährstoffangebot von *Lemur catta* und *Propithecus verreauxi verreauxi* im Jahresverlauf als stabil angesehen werden kann. Nichtsdestotrotz nimmt die effektiv verfügbare Nahrungsmenge während der Trockenzeit ab; dies kompensieren *Lemur catta* und *Propithecus verreauxi verreauxi* mit einer Zunahme der Nahrungsaufnahmezeiten von 25,2% bzw. 42,8% während der Regenzeit auf 30,2% bzw. 53,2% während der Trockenzeit (YAMASHITA 2008). Langfristige Untersuchungen sind jedoch notwendig, um saisonale Schwankungen im Nahrungsangebot vollständig zu erfassen. Kurzfristige Beobachtungen können daher nur mit Einschränkung verallgemeinert werden, da es sich bei den beobachteten Zeiträumen auch um außergewöhnlich „gute“ Jahre handeln könnte (CHAPMAN *et al.* 2002; CHAPMAN *et al.* 2003).

4.2.2 Vergleich Futterangebot Primärwald / Futterangebot Sekundärwald

Lemuren der Gattung *Eulemur* werden als anpassungsfähig hinsichtlich der Nutzung unterschiedlicher Habitate angesehen, wodurch sie als weniger stark durch Primärwaldverluste gefährdet gelten (beispielsweise SUSSMAN & TATTERSALL 1976; MITTERMEIER *et al.* 2006; IRWIN 2008; SCHWITZER *et al.* 2007b).
SCHWITZER *et al.* (2007b) bestätigen die ökologische Flexibilität von *Eulemur macaco flavifrons*, weisen jedoch darauf hin, dass in Sekundärwald-Fragmenten die Streifgebiete signifikant größer (SCHWITZER *et al.* 2007b) und die Bestände an Sclater's Makis deutlich geringer waren (SCHWITZER *et al.* 2005) als in benachbarten Primärwald-Fragmenten; eine Beobachtung, die BAYART & SIMMEN (2005) für *Eulemur macaco macaco* bestätigen. Die Primärwald-Fragmente der Sahamalaza-Halbinsel, auf der *Eulemur macaco flavifrons* lebt, unterscheiden sich von Sekundärwald-Fragmenten beispielsweise durch eine größere Zahl von potentiellen Futter- und Schlafbäumen, das heißt Bäumen, die für vollständige Sclater's Maki-Gruppen nutzbar sind, sowie durch Bäume mit Lianen-Bewuchs, die Sichtschutz bieten. Dies legt nahe, dass Sekundärwald-Fragmente für Sclater's Makis nur einen eingeschränkten Wert als Lebensraum haben und die Tiere folglich nicht als Habitatgeneralisten angesehen werden dürfen (SCHWITZER *et al.* 2007b).

Der Vergleich der Nährstoffzusammensetzung des in Primär- bzw. Sekundärwald-Fragmenten des Ankarafa-Waldes in Nordwest-Madagaskar verfügbaren Nahrungsangebots zeigte lediglich einen signifikanten Unterschied im Hinblick auf den Rohasche-Gehalt; dieser war bei Primärwaldpflanzen signifikant höher als bei Sekundärwaldpflanzen. Die restliche Nährstoffzusammensetzung variierte nur geringfügig. Es ließ sich eine leichte Tendenz zu niedrigeren Rohprotein- und NFC-Gehalten des Nahrungsangebots in der Trockenzeit sowie höheren Faser-Gehalten des Nahrungsangebots im Sekundärwald feststellen. In Anbetracht dessen, dass die Fähigkeit von *Eulemur macaco* zur Fermentation von Fasern begrenzt zu sein scheint, so dass sie sich wahrscheinlich auf verwertbare Kohlenhydrate zur Deckung eines signifikanten Teils ihres täglichen Energiebedarfs verlassen (SCHMIDT *et al.* 2005b), liegt die Vermutung nahe, dass Trockenzeit- bzw. Sekundärwaldpflanzen als ernährungsphysiologisch qualitativ schlechter einzuordnen sind als Regenzeit- bzw. Primärwaldpflanzen, wobei dies nicht statistisch abgesichert werden konnte.

Bisherige Untersuchungen hinsichtlich der Unterschiede zwischen Primär-, Sekundär- oder durch anthropogene Einflüsse veränderten Waldgebieten sowie deren Nutzbarkeit für die dort lebenden Lemuren beschränken sich auf eine phänologische Beschreibung ebendieser (MERTL-MILLHOLLEN *et al.* 2003; BAYART & SIMMEN 2005; NORSCIA *et al.* 2006; SCHWITZER *et al.* 2007b; SIMMEN *et al.* 2007); demzufolge sind Vergleichsdaten bezüglich der Nährstoffzusammensetzung des Futterangebotes im Primär- oder Sekundärwald bislang nicht vorhanden. Obschon sich Tendenzen hinsichtlich einer leichten Verschlechterung des Nahrungsangebotes in der Trockenzeit bzw. im Sekundärwald ableiten lassen, was die Aussagen von SCHWITZER *et al.* (2007b), dass Sekundärwald-Fragmente für Sclater's Makis nur einen eingeschränkten Wert als Lebensraum haben und diese folglich nicht als Habitatgeneralisten angesehen werden dürfen, unterstützt, sind auch hier langfristige Untersuchungen notwendig, um mögliche Unterschiede im Nahrungsangebot vollständig zu erfassen (CHAPMAN *et al.* 2002; CHAPMAN *et al.* 2003).

4.2.3 Vergleich „Gefressen" / „Nicht gefressen"

Hinsichtlich des Nahrungswahlverhaltenes von Primaten wird allgemein angenommen, dass sie ihre Nahrung im Hinblick auf 1) eine Vergrößerung der Aufnahme essentieller Nährstoffe 2) eine Reduzierung der Aufnahme verhältnismäßig schlecht verdaulicher Pflanzenbestandteile (Cellulose, Lignin) und/oder 3) eine Reduzierung der Aufnahme sekundärer Pflanzenstoffe, die potenziell giftig sind (Alkaloide) oder die Verdauung beeinträchtigen (Tannine), auswählen. Untersuchungen anderer Autoren belegen, dass die Nahrungswahl von Lemuren eher von der Qualität der Nahrung als von deren Verfügbarkeit abhängt (GANZHORN 1988, 1992; MERTL-MILLHOLLEN *et al.* 2003; SIMMEN *et al.* 2003, 2007; YAMASHITA 2002, 2008; NORSCIA *et al.* 2006). NORSCIA *et al.* 2006 beobachteten beispielsweise, dass *Propithecus verreauxi verreauxi* auf bestimmte Futterquellen (Früchte, Blüten, junge Blätter) zu warten schienen, die nährstoff-physiologisch günstiger sind als beispielsweise reife Blätter, obwohl letztere ganzjährig zur Verfügung standen (ebenso YAMASHITA 2002, 2008) und

Propithecus spec. verdauungsphysiologische Anpassungen zur Nutzung faserreicher Nahrung besitzen (CAMPBELL *et al.* 1999, 2000, 2002, 2004a, 2004b).

Der Vergleich der Nährstoffzusammensetzung madagassischer Pflanzen, die während der Trockenzeit im Ankarafa-Wald in Nordwest-Madagaskar verfügbar waren und von den Tieren konsumiert bzw. nicht konsumiert wurden, zeigte einen signifikanten Unterschied im Hinblick auf den N*6,25-Gehalt der Pflanzen. Dieser war bei den gefressenen Pflanzen signifikant höher als bei den nicht gefressenen Pflanzen. Vergleicht man insbesondere die Nährstoffzusammensetzung madagassischer Blätter, die während der Trockenzeit von den Tieren konsumiert bzw. nicht konsumiert wurden, so zeigt sich ein signifikanter Unterschied im Hinblick auf den ADL-Gehalt; *Eulemur macaco flavifrons* zeigt eine Präferenz für ligninärmere Blätter.

Untersuchungen von GANZHORN (1988, 1992) zeigten, dass alle vom Autor untersuchten Lemurenarten - mit Ausnahme von *Lepilemur mustelinus* - Blätter mit hohem Proteingehalt Blättern mit niedrigem Proteingehalt vorzogen. Ähnliche Beobachtungen wurden auch an anderen Lemuren, wie beispielsweise *Lemur catta* (MERTL-MILLHOLLEN *et al.* 2003) und *Eulemur macaco macaco* (SIMMEN *et al.* 2007) sowie an verschiedenen Haplorrhini wie *Pongo pygmaeus* (HAMILTON & GALDIKAS 1994), *Procolobus badius* und *Colobus guereza* (WASSERMAN & CHAPMAN 2003) sowie *Gorilla beringei beringei* (GANAS *et al.* 2008) gemacht; auch hier wurden Pflanzen mit relativ hohem Proteingehalt präferiert. Wenngleich HAMILTON & GALDIKAS (1994) keine Unterschiede hinsichtlich des NDF-Gehaltes im Vergleich konsumierter bzw. nicht konsumierter Pflanzen feststellen konnten, belegen die Untersuchungen von WASSERMAN & CHAPMAN 2003 sowie GANAS *et al.* 2008, das neben einem relativ hohen Protein-Gehalt ein verhältnismäßig niedriger Faser-Gehalt entscheidend war.

Die aktuelle Untersuchung hinsichtlich des Nahrungswahlverhaltens von *Eulemur macaco flavifrons* bestätigt, dass diese ihre Nahrung im Hinblick auf eine Vergrößerung der Proteinaufnahme sowie eine Reduzierung der Aufnahme verhältnismäßig schlecht verdaulicher Pflanzenbestandteile wie Lignin auswählen. Beobachtungen von CURTIS (2004) und SIMMEN *et al.* (2007), wonach der

Proteingehalt madagassischer Pflanzen äußerst gering ist, lassen das Präferieren proteinreicher Pflanzen sinnvoll erscheinen. Ebenso stellt das Meiden besonders schwer verdaulicher Pflanzenbestandteile eine Optimierung der Freiland-Diät dar. Es muss jedoch berücksichtigt werden, dass dieser Untersuchung eine kleine Probenzahl zu Grunde lag, so dass diese Ergebnisse nur mit Einschränkung verallgemeinert werden dürfen und weitere Untersuchungen in Zukunft notwendig sind.

4.3 Vergleich Zoo- und Freilandstudien

Das artspezifische Nahrungsspektrum eines Organismus geht mit morphologischen und physiologischen Anpassungen an die chemische Natur der Nahrung einher (STEVENS & HUME 1995; LAMBERT 1998; CAMPBELL *et al.* 2000), so dass eine optimale Ausnutzung der vorhandenen Nahrung gewährleistet wird und Schäden für den Organismus vermieden werden. Studien von CAMPBELL *et al.* (1999, 2000, 2002, 2004a, 2004b) sowie EDWARDS & ULLREY (1999a) weisen große Unterschiede hinsichtlich der Verdauungsleistung verschiedener Lemurenarten nach, die im Zusammenhang mit dem Fasergehalt der Freiland-Diät der jeweiligen Art sowie mit der Verweildauer des Nahrungsbreis im Magen-Darm-Trakt gesehen werden. Nach MILTON (1981) verarbeiten Primaten mit einer frugivoren Ernährungsweise größere Nahrungsmengen pro Zeiteinheit, wenn auch mit einer niedrigeren nährstoffphysiologischen Ausbeute als Primaten mit folivorer Ernährungsweise. Nur wenige Verdaulichkeitsuntersuchungen wurden bislang an Lemuren durchgeführt (CAMPBELL *et al.* 1999 an *Propithecus spec.*; EDWARDS & ULLREY 1999a, SCHWITZER 2003 sowie LOVRIC *et al.* 2005 an *Varecia spec.*; SCHMIDT *et al.* 2005b an *Eulemur macaco macaco*; WILLIS *et al.* eingereicht sowie ROSENBERG *et al.* in Vorbereitung an *Eulemur mongoz*; RAMOS *et al.* 1995 sowie PUTT *et al.* in Vorbereitung an *Daubentonia madagascariensis*), so dass für den überwiegenden Teil der in menschlicher Obhut gehaltenen Lemuren folglich nicht bekannt ist, in welchem Umfang sie ihre Nahrung nutzen können. Dies macht es schwierig, vorherzusagen, wieviel Futter die Tiere benötigen, um ihren täglichen Energie- und Nährstoffbedarf zu decken.

Der Begriff „Faser“ (in der Humanmedizin: Ballaststoffe) beschreibt im ernährungsphysiologischen Zusammenhang Bestandteile pflanzlicher Nahrung, die der Pflanze als Struktur-, Stütz- und Reservesubstanzen dienen und die resistent gegenüber der Verdauung seitens des Menschen und der meisten Tierarten sind. Obwohl Faserkomponenten nicht als wünschenswerte Nahrungsbestandteile in Fütterungsrichtlinien aufgeführt werden, kommt dem Fasergehalt der Nahrung eine Schlüsselfunktion in der Aufrechterhaltung des Gesundheitszustands des Verdauungssystems zu (BURTON-FREEMAN 2000; SCHEK 2002; SCHMIDT 2002). Faserhaltige Nahrung hat beispielsweise eine geringere Energiedichte als faserarme Nahrung und verlängert das Sättigungsgefühl durch Absorptionsverzögerung infolge retardierter Magenentleerung (BURTON-FREEMAN 2000; SCHEK 2002). SCHMIDT (2002) gibt einen umfassenden Überblick über die physiologisch wünschenswerte Wirkung von Faser (siehe auch BURTON-FREEMAN, 2000; SCHEK 2002; EDWARDS & ULLREY 1999b) sowie ernährungsbedingte Gesundheitsprobleme bei Primaten in menschlicher Obhut (siehe auch GRESL *et al.* 2000; SPELMAN *et al.* 1989; WOOD *et al.* 2003, WILLIAMS *et al.*2006).

Vergleiche der Nährstoffzusammensetzung von Freiland- und Zoo-Diäten zeigen, dass frei lebende Lemuren teils außerordentlich faserreiche Futterpflanzen konsumieren (GANZHORN 1988; MUTSCHLER 1999; DEMPSEY *et al.* 2002; POWZYK & MOWRY 2003; CURTIS 2004), obgleich sie diese nur bedingt nutzen können (CAMPBELL *et al.* 1999 an *Propithecus spec.*; EDWARDS & ULLREY 1999a an *Varecia spec.*; SCHMIDT *et al.* 2005b an *Eulemur macaco macaco*; WILLIS *et al.* eingereicht an *Eulemur mongoz*). SCHMIDT *et al.* (2005b) beobachteten, dass die Trockenmasseverdaulichkeit bei *Eulemur macaco macaco* mit zunehmender Faserkonzentration der Ration abnahm. Die Autoren schlussfolgern, dass das Ausmaß, in dem Mohrenmakis zur Fermentation von Faser befähigt sind, wohlmöglich bedingt durch eine schnelle Passagerate, begrenzt zu sein scheint. Obwohl sie als Nahrungsgeneralisten angesehen werden (ANDREWS & BIRKINSHAW 1998), verlassen sie sich wahrscheinlich auf verwertbare Kohlenhydrate, um einen signifikanten Teil ihres täglichen Energiebedarfs zu decken (SCHMIDT *et al.* 2005b). Neueren Untersuchungen zur Nahrungsökologie freilebender *Eulemur macaco macaco* von SIMMEN *et al.* (2007) zufolge machen Früchte rund 90% der Nahrung während der Trockenzeit aus; Blüten und Blättern werden nur in geringem Maße konsumiert. Diese Beobachtung stützt die Vermutung von SCHMIDT *et al.* (2005b).

Der aktuelle Vergleich der Nährstoffzusammensetzung des Nahrungsangebots von *Eulemur macaco flavifrons* im Zoo und im Freiland zeigte signifikante Unterschiede im Hinblick auf den NDF-, ADF-, ADL-, N*6,25-, NFC- sowie Energiegehalt der Futtermittel. Lediglich im XA- sowie XL-Gehalt ließen sich keine Unterschiede nachweisen. Die Zoo-Diät zeichnet sich insgesamt durch eine beinahe doppelte so hohe Energiedichte sowie einen im Vergleich zum Nahrungsangebot im Freiland äußerst geringen Fasergehalt aus. Zoo-Diäten basieren häufig auf leicht verfügbaren handelsüblichen Lebensmitteln wie beispielsweise Obst und Gemüse, die mit kommerziell hergestellten pelletierten Futtermittel, die hinsichtlich ihres Nährstoff- und Energiegehaltes als vollwertig angesehen werden können, ergänzt werden. Da es sich bei den Lebensmitteln um Waren handelt, die vorrangig für den menschlichen Verzehr produziert werden, orientieren sie sich hinsichtlich ihres Geschmacks an dessen Bedürfnissen (MILTON 1999, 2000; SCHMIDT *et al.* 2005a). Von SCHMIDT *et al.* (2005a) untersuchte Obst- und Gemüsesorten wiesen NDF-Gehalte für Früchte von durchschnittlich 13,4% (bezogen auf die Trockenmasse) bzw. für Gemüse von 18,8% (bezogen auf die Trockenmasse) auf. Die vorliegende Untersuchung bestätigt diese Ergebnisse; unter Einbeziehung aller im Zoo gesammelten Proben ergaben sich NDF-Gehalte von durchschnittlich 11,1% (bezogen auf die Trockenmasse) für Früchte bzw. 15,9% (bezogen auf die Trockenmasse) für Gemüse.

Selbst die dem *in situ* Nahrungsangebot „ähnlichen“ *ex situ* Futtermittelkategorien Früchte und Gemüse unterschieden sich in der aktuellen Studie grundlegend in ihrer mittleren Nährstoffzusammensetzung von madagassischen Früchten und Blättern. Zudem trifft die allgemeine Vorstellung, dass Früchte einen niedrigeren Fasergehalt als Blätter aufweisen und somit qualitativ hochwertigere und leichter verdauliche Nahrung darstellen, nicht in jedem Fall zu. OFTEDAL (1991) und REMIS *et al.* (2001) fanden sowohl in unreifen wie auch reifen tropischen Früchten Fasergehalte, die mit denen von ebenfalls analysierten Blättern nahezu identisch waren. Nährstoffuntersuchungen von Früchten und Blättern, die von verschiedenen Lemurenarten im Freiland konsumiert wurden, untermauern diese Beobachtung und geben folgende mittlere Fasergehalte an: Blätter 48 – 71% NDF (bezogen auf die Trockenmasse) und 26 – 40% ADF (bezogen auf die Trockenmasse); Früchte ~40% NDF (bezogen auf die Trockenmasse) und ~30% ADF (bezogen auf die Trockenmasse) bzw. 26% Rohfasergehalt (bezogen auf die Trockenmasse); Mix aus

Blättern, Blüten, Früchten und Samen 29 – 88% NDF (bezogen auf die Trockenmasse) und 17 – 73% ADF (bezogen auf die Trockenmasse) (GANZHORN 1988; MUTSCHLER 1999; DEMPSEY *et al.* 2002; POWZYK & MOWRY 2003 ; CURTIS 2004).

Die Tatsache, dass Arten mit vornehmlich frugivorer Ernährungsweise im Freiland nichtsdestotrotz eine beträchtliche Menge an Blättern, Blüten, Samen, Pilzen und tierischer Kost zu sich nehmen, findet selten Berücksichtigung bei der Zusammenstellung der Zoo-Diät. Eine überwiegend frugivore Freiland-Diät kann aufgrund der großen Unterschiede in der Nährstoffzusammensetzung von Futterpflanzen im Freiland und Futtermitteln im Zoo jedoch nicht auf eine aus für den menschlichen Verzehr angebauten Früchten bestehende Zoo-Diät übertragen werden (SCHWITZER *et al.* in Vorbereitung).

4.4 Schlussfolgerungen

Der Entwurf angemessener Zoo-Diäten sollte die beschriebenen Unterschiede hinsichtlich der Verdauungsleistung verschiedener Lemurenarten (CAMPBELL *et al.* 1999 an *Propithecus spec.*; EDWARDS & ULLREY 1999a, SCHWITZER 2003 sowie LOVRIC *et al.* 2005 an *Varecia spec.*; SCHMIDT *et al.* 2005b an *Eulemur macaco macaco*; WILLIS *et al.* eingereicht sowie ROSENBERG *et al.* in Vorbereitung an *Eulemur mongoz*; RAMOS *et al.* 1995 sowie PUTT *et al.* in Vorbereitung an *Daubentonia madagascariensis*) berücksichtigen und den NDF-Gehalt so weit wie möglich (und bekannt) an den NDF-Gehalt der Freiland-Diäten anpassen (GANZHORN 1988; MUTSCHLER 1999; DEMPSEY *et al.* 2002; POWZYK & MOWRY 2003; CURTIS 2004).

Wenngleich Lemuren wie *Eulemur coronatus* oder *Eulemur macaco flavifrons* mit überwiegend frugivorer Ernährungsweise den Fasergehalt ihrer Nahrung wahrscheinlich nur bedingt nutzen können, kommt diesem jedoch eine entscheidende Funktion im Hinblick auf die Reduzierung der Energiedichte von Zoo-Diäten sowie eine Verlängerung des Sättigungsgefühl zu (BURTON-FREEMAN 2000; SCHEK 2002; SCHMIDT 2002). Obschon sich handelsübliche Obst- und Gemüsesorten hinsichtlich ihrer Nährstoffzusammensetzung und Energiedichte grundlegend von Freiland-Futterpflanzen unterscheiden, sollte die Vielfalt der in menschlicher Obhut angebotenen Nahrungsmittel zum Zwecke der Anregung und Bereicherung des Zootieralltags erhalten bleiben (SCHMIDT 2002). Indem größere Mengen an Gemüse und, wo verfügbar, an frischem Pflanzenmaterial anstelle von Früchten und Getreideprodukten angeboten werden, können den Tieren weniger gut verdauliche Energiequellen zur Verfügung gestellt werden, die somit weniger wahrscheinlich zur Fettleibigkeitsproblematik beitragen. Zudem trägt die Darbietung bisweilen größerer Mengen energieärmerer Zoo-Diäten entscheidend zur Entspannung der häufig mit stereotypem Verhalten verknüpften Fütterungen bei.

Eine Zoo-Diät, die eher den natürlichen Ansprüchen von Lemuren entspricht, ermöglicht eine langfristige Optimierung des Erhaltungszuchtprogrammes und stellt einen wertvollen Beitrag zum Erhalt dieser bedrohten Tierarten dar.

4.5 Ausblick

Viele der gegenwärtigen menschlichen Gesundheitsprobleme stehen in Zusammenhang mit einer fehlerhaften Ernährung (Erkrankungen des Herz-Kreislauf-Systems, Typ II Diabetes, Fettleibigkeit). Die große Zahl ernährungsbedingter Erkrankungen lässt darauf schließen, dass viele Menschen keine ihrer Ernährungsphysiologie entsprechende Nahrung zu sich nehmen (MILTON 1999, 2000, 2002). Daten unterschiedlichster Forschungsrichtungen stützen die Auffassung, dass Menschen von hauptsächlich pflanzenfressenden Primaten abstammen. Umfassende Kenntnisse der Nahrungsökologie frei lebender Primaten können das Wissen um menschliche Nahrungsansprüche erhöhen; ernährungsphysiologische Untersuchungen an Primaten haben somit Modellcharakter.

Lemuren eignen sich besonders für derartige Studien, da sie ein – bei Menschen aus Industrienationen immer weiter verbreitetes – „Übergewichtsproblem" haben. Bedingt durch ihren für Säugetiere ungewöhnlich niedrigen Grundumsatz (McCORMICK 1981; MÜLLER 1983; DANIELS 1984; RICHARD & NICOLL 1987; SCHMID & GANZHORN 1996; für eine Übersicht siehe ROSS 1992), der als Anpassung an eine unvorhersehbare Nahrungsversorgung in einem stark saisonalen Lebensraum gewertet wird, ergeben sich unter stabilen Klima- und superoptimalen Fütterungsbedingungen in menschlicher Obhut gravierende Formen von Fettleibigkeit (SCHAAF & STUART 1983; LEIGH 1994; PEREIRA & POND 1995; TERRANOVA & COFFMAN 1997; SCHWITZER & KAUMANNS 2001; SCHWITZER 2003).

Die Erforschung kausaler Zusammenhänge ernährungsbedingter Erkrankungen am Modell vergrößert auf lange Sicht unser Wissen um die menschliche Nahrungsökologie und kann zu einer Verringerung ernährungsbedingter Gesundheitsprobleme führen (MILTON 1999, 2000, 2002).

5 Zusammenfassung

Die vorliegende Studie behandelt die Fettleibigkeitsproblematik bei Sclater's Makis und Kronenmakis in menschlicher Obhut. Ziel der Arbeit war es, durch die Verknüpfung von *in situ* sowie *ex situ* Arbeiten erstmalig ein umfassendes Bild der Nahrungsökologie von *Eulemur macaco flavifrons* zu zeichnen sowie eine Zoo-Diät zu entwerfen, die den natürlichen Ansprüchen dieser Art nahe kommt und somit langfristig zu einer Verbesserung des Erhaltungszuchtprogrammes beiträgt.

Im Zoo Köln wurden über einen Zeitraum von einem Jahr Daten erhoben. Neben dem Zoo Köln wurde der Parc Zoologique et Botanique de Mulhouse, Sud-Alsace (Frankreich) in die Studie miteinbezogen. In beiden Einrichtungen wurde mit Sclater's Makis (*Eulemur macaco flavifrons*) und vergleichend mit Kronenmakis (*Eulemur coronatus*) gearbeitet. Es wurden Körpergewichte in menschlicher Obhut lebender Tiere ermittelt und mit den Körpergewichten freilebender Individuen der jeweiligen Art verglichen. Ferner wurden der Anteil fettleibiger Tiere sowie das Maß der Fettleibigkeit der Tiere ermittelt. Die Futter- und Energieaufnahme von *Eulemur macaco flavifrons* sowie *Eulemur coronatus* im Zoo Köln und im Zoo Mulhouse wurden auf Nährstoffbasis erfasst sowie Verdaulichkeitsuntersuchungen durchgeführt. Vergleichend wurde Probenmaterial von Pflanzen, die von frei lebenden Sclater's Makis verzehrt bzw. nicht verzehrt wurden, analysiert.

Die durchschnittlichen Körpergewichte von *Eulemur macaco flavifrons* sowie *Eulemur coronatus* in menschlicher Obhut waren signifikant höher als die mittleren Körpergewichte der jeweiligen Art im Freiland. Der Anteil fettleibiger Tiere lag bei *Eulemur macaco flavifrons* bei 100%, bei *Eulemur coronatus* bei 33,3%. Es wurden signifikante Unterschiede in bezug auf die Körpergewichte der Tiere zwischen dem Zoo Köln und dem Zoo Mulhouse festgestellt, die auf unterschiedliche Fütterungsregime zurückzuführen sind. Die überwiegend auf Obst und Gemüse beruhende Zoo-Diät beider Einrichtungen zeichnete sich durch eine im Vergleich zur Freiland-Diät von *Eulemur macaco flavifrons* beinahe doppelt so hohe Energiedichte, einen äußerst geringen Fasergehalt sowie eine hohe Trockenmasseverdaulichkeit von ~80% bzw. ~84% (*Eulemur macaco flavifrons*, *Eulemur coronatus*) aus; dies kann in Kombination mit einem für Lemuren typischen, im Vergleich zu anderen Säugetieren ungewöhnlich niedrigen Grundumsatz als Ursache für die in menschlicher Obhut auftretende Fettleibigkeitsproblematik gewertet werden.

Der aktuelle Vergleich der Nährstoffzusammensetzung des Nahrungsangebots von *Eulemur macaco flavifrons* im Zoo und im Freiland betont fundamentale Unterschiede im Hinblick auf die Nährstoffzusammensetzung von Freiland- und Zoo-Diät und zeigt; dass sich selbst die dem *in situ* Nahrungsangebot „ähnlichen" *ex situ* Futtermittelkategorien Früchte und Gemüse grundlegend von im Freiland verfügbaren Früchten und Blättern unterschieden. Der Entwurf angemessener Zoo-Diäten sollte den NDF-Gehalt so weit wie möglich (und bekannt) an den NDF-Gehalt der Freiland-Diäten anpassen. Wenngleich Lemuren wie *Eulemur coronatus* oder *Eulemur macaco flavifrons* mit überwiegend frugivorer Ernährungsweise den Fasergehalt ihrer Nahrung nur bedingt nutzen können, kommt diesem jedoch eine Schlüsselfunktion in der Aufrechterhaltung des Gesundheitszustands insbesondere des Verdauungssystems zu.

Obschon sich handelsübliche Obst- und Gemüsesorten hinsichtlich ihrer Nährstoffzusammensetzung und Energiedichte grundlegend von Freiland-Futterpflanzen unterscheiden, sollte die Vielfalt der in menschlicher Obhut angebotenen Nahrungsmittel zum Zwecke der Anregung und Bereicherung des Zootieralltags erhalten bleiben. Indem anstelle von Früchten und Getreideprodukten größere Mengen an Gemüse und, wo verfügbar, an frischem Pflanzenmaterial angeboten werden, können den Tieren weniger gut verdauliche Energiequellen zur Verfügung gestellt werden, die somit weniger wahrscheinlich zur Fettleibigkeitsproblematik beitragen. Zudem trägt die Darbietung bisweilen größerer Mengen energieärmerer Zoo-Diäten entscheidend zur Verringerung des häufig im Zusammenhang mit Fütterungen auftretenden stereotypen Verhaltens bei.

Eine solche Zoo-Diät, die eher den natürlichen Ansprüchen der Lemuren entspricht, ermöglicht eine langfristige Optimierung des Erhaltungszuchtprogrammes und stellt einen wertvollen und notwendigen Beitrag zum Erhalt dieser hochbedrohten Tierarten dar.

6 Literatur

ANDREWS JR, BIRKINSHAW CR. (1998): A comparison between the daytime and night-time diet, activity and feeding height of the black lemur, *Eulemur macaco* (Primates: Lemuridae), in Lokobe Forest, Madagascar. Folia Primatologica 69(1): 175-182

ANDRIANJAKARIVELO V. (2004): Exploration de la zone en dehors de la peninsula Sahamalaza pour l'évaluation rapide de la population d'*E. m. flavifrons*. Unveröffentlichter Bericht WCS Madagaskar

ASA CS, PORTON IJ, JUNGE R. (2007): Reproductive cycles and contraception of black lemurs (*Eulemur macaco macaco*) with depot medroxyprogesterone acetat during the breeding season. Zoo Biology 26: 289-298

ARBELOT-TRACQUI V. (1983): Etude Ethoécologique de deux Primates Prosimiens: *Lemur coronatus* Gray et *Lemur fulvus sanfordi* Archbold. Contribution à l'Étude des Méchanismes d'Isoleent Reproductif Intervenant dans la Spéciation. Unveröffentlichte Dissertation, Universität Rennes, Frankreich

BANKS M. (2005): Population dynamics of the critically endangered Perrier's sifaka (*Propithecus perrieri*) and sympatric species in the Analamera Special Reserve, northern Madagascar. Unveröffentlichter Bericht Margot Marsh Biodiversity Foundation

BAYART F, SIMMEN B. (2005): Demography, range use, and behaviour in black lemurs (*Eulemur macaco macaco*) at Ampasikely, Northwest Madagascar. American Journal of Primatology 67: 299-312

BOLLEN A, DONATI G, FIETZ J, SCHWAB D, RAMANAMANJATO JB, RANDRIHASPIPARA L, VAN ELSAKER L, GANZHORN JU. (2005): An intersite comparison on fruit characteristics in Madagascar: evidence for selection pressure through abiotic constraints rather than through co-evolution. In: DEW L, BOUBLI J.: Fruits and Frugivores. Springer Verlag, Deutschland

BURTON-FREEMAN B. (2000): Dietary fiber and energy regulation. J. Nutr. 130: 272-275

CAMPBELL JL, EISEMANN JH, GLANDER KE, CRISSEY SD. (1999): Intake, digestibility, and passage of a commercially designed diet by two *Propithecus* species. American Journal of Primatology 48: 237-246

CAMPBELL JL, EISEMANN JH, WILLIAMS CV, GLENN KM. (2000): Description of the gastrointestinal tract of five lemur species: *Propithecus tattersalli*, *Propithecus verreauxi coquereli*, *Varecia variegata*, *Hapalemur griseus*, and *Lemur catta*. American Journal of Primatology 52: 133-142

CAMPBELL JL, WILLIAMS CV, EISEMANN JH. (2002): Fecal inoculum can be used to determine the rate and extent of in vitro fermentation of dietary fiber sources across three lemur species that differ in dietary profile: *Varecia variegata*, *Eulemur fulvus* and *Hapalemur griseus*. Journal of Nutrition 132: 3073-3080

CAMPBELL JL, WILLIAMS CV, EISEMANN JH. (2004a): Characterizing gastrointestinal transit time in four lemur species using barium-impregnated polyethylene spheres (BIPS). American Journal of Primatology 64: 309-321

CAMPBELL JL, WILLIAMS CV, EISEMANN JH. (2004b): Use of total dietary fiber across four lemur species (*Propithecus verreauxi coquereli*, *Hapalemur griseus*, *Varecia variegata* and *Eulemur fulvus*): Does fiber type affect digestive efficiency? American Journal of Primatology 64: 323-335

CHAPMAN CA, CHAPMAN LJ, GILLESPIE TR. (2002): Scale issue in the study of primate foraging: Red colobus of Kibale National Park. American Journal of Physical Anthropology 117: 349-363

CHAPMAN CA, CHAPMAN LJ, RODE KD, HAUCK EM, McDOWELL LR. (2003): Variation in the nutritional value of primate foods: among trees, time periods, and areas. International Journal of Primatology 24(2): 317-333

CURTIS DJ, ZARAMODY A. (1999): Social structure and seasonal variation in the behaviour of *Eulemur mongoz*. Folia Primatologica 70: 79-96

CURTIS DJ. (2004): Diet and nutrition in wild mongoose lemurs (*Eulemur mongoz*) and their implications for the evolution of female dominance and small group size in lemurs. American Journal of Physical Anthropology 124: 234-247

DANIELS HL. (1984): Oxygen consumption in *Lemur fulvus*: Deviation from the ideal model. J. Mamm. 65(4): 584-592

DEMPSEY J, BRITT A, IAMBANA B, PORTON I, SCHMIDT D, KERLEY M. (2002): A survey of the nutrient content of plants consumed by *Varecia variegata* in Betampona Natural Reserve. American Journal of Primatology 57: 31

EDWARDS MS, ULLREY DE. (1999a): Effect of dietary fiber concentration on apparent digestibility and digesta passage in non-human primates. I. Ruffed lemurs (*Varecia variegata* and *V.v rubra*). Zoo Biology 18: 529-536

EDWARDS MS, ULLREY DE. (1999b): Effect of dietary fiber concentration on apparent digestibility and digesta passage in non-human primates. II. Hindgut- and foregut-fermenting. Zoo Biology 18: 537-549

FOWLER SV, CHAPMAN P, CHECKLEY D, HURD S, McHALE M, RAMANGASON GS, RANDRIAMASY JE, STEWART P, WALTERS R, WILSON JM. (1989): Survey and management proposals for a tropical deciduous forest reserve at Ankarana in northern Madagascar. Biological Conservation 47: 297-313

FREED BZ. (1996): Co-occurrence among crowned lemurs (*Lemur coronatus*) and Sanford's lemurs (*Lemur sanfordi*) of Madagascar. Unveröffentliche Dissertation, Washington University, St. Louis, USA

GANAS J, ORTMANN S, ROBBINS MM. (2008): Food preference of wild mountain gorillas. American Journal of Primatology 70: 927-938

GANZHORN JU. (1986): Feeding behaviour of *Lemur catta* and *Lemur fulvus*. International Journal of Primatology 7: 17-30

GANZHORN JU. (1988): Food partitioning among Malagasy primates. Oecologia 75: 436-450

GANZHORN JU. (1989): Niche separation of seven lemur species in the eastern rainforest of Madagascar. Oecologia 79(2): 279-286

GANZHORN JU. (1992): Leaf chemistry and the biomass of folivorous primates in tropical forests. Oecologia 91: 540-547

GANZHORN JU. (2002): Distribution of a folivorous lemur in relation to seasonally varying food resources: integrating quantitative and qualitative aspects of food characteristics. Oecologia 131: 427-435

GANZHORN JU, KLAUS S, ORTMANN S, SCHMID J. (2003): Adaptations to seasonality: Some primate and nonprimate examples. In: KAPPELER PM, PEREIRA ME (2003): Primate life histories and socioecology. The University of Chicago Press, Chicago, USA

GOMIS D. (2007): Mulhouse Zoo Dietary Manual. Description of the feeding regimes currently in use June 2007 – v 1.0. Parc Zoologique et Botanique de Mulhouse, Frankreich

GRAY JE. (1867): Note on a new species or variety of lemur in the Society's gardens. Proc. Zool. Soc., London

GRESL TA, BAUM ST, KEMNITZ JW. (2000): Glucose regulation in captive *Pongo pygmaeus abeli*, *P. p. pygmaeus*, and *P. p. abeli* x *P. p. pygmaeus* orangutans. Zoo Biology 19: 193-208

HAMILTON RA, GALDIKAS BMF. (1994): A preliminary study of food selection by the orangutan in relation to plant quality. Primates 35(3): 255-263

HAMPE K. (1999): Erhebungen zur Ernährung ausgewählter Primatenspezies in menschlicher Obhut. Dissertation, Universität Gießen, Deutschland

HUMMEL J. (2003): Ernährung und Nahrungsaufnahmeverhalten des Okapis (*Okapia johnstoni*) in Zoologischen Gärten. Dissertation, Universität Köln, Deutschland

IRWIN MT. (2008): Diademed sifaka (*Propithecus diadema*) ranging and habitat use in continuous and fragmented forest: Higher density but lower viability in fragments? Biotropica 40(2): 231-240

KAPPELER PM. (1991): Patterns of sexual dimorphism in body weight among prosimian primates. Folia Primatologica 57: 132-146

KAUMANNS W, HAMPE K, SCHWITZER C, STAHL D. (2000): Primate nutrition – Towards an integrated approach. In: NIJBOER J, HATT JM, KAUMANNS W, BEIJNEN A, GANZLOßER U. (Hrsg.) (2000): Zoo Animal Nutrition. Filander Verlag, Deutschland

KEMNITZ JW, GOY RW, FLITSCH RJ, LOHMILLER JJ, ROBINSON JA. (1989): Obesity in male and female rhesus monkeys: Fat distribution, glucoregulation, and serum androgen levels. Journal of Clinical Endocrinology and Metabolism 69: 287-293

KIRCHGESSNER M. (2004): Tierernährung. DLG-Verlag, Frankfurt (Main), Deutschland

KLEIBER M. (1932): Body size and metabolism. Hilgardia 6: 315-353

KOENDERS L, RUMPLER Y, RATSIRARASON J. (1985): *Lemur macaco flavifrons* (GRAY, 1867): A rediscovered subspecies of primate. Folia Primatologica 44: 210-215

LAMBERT JE. (1998): Primate digestion: Interactions among anatomy, physiology, and feeding ecology. Evolutionary Anthropology 7(1): 8-20

LEIGH SR. (1994): Relations between captive and noncaptive weights in anthropoid primates. Zoo Biology 13: 21-43

LOVRIC S, NIJBOER J, BEYNEN AC. (2005): Macronutrient digestibility in captive black and white ruffed lemurs (*Varecia variegata variegata*). Zoologischer Garten 75(4): 231-237

MAROLF B, McELLIGOTT AG, MÜLLER AE. (2007): Female social dominance in two *Eulemur* species with different social organizations. Zoo Biology 26: 201-214

McCORMICK SA. (1981): Oxygen consumption and torpor in the fat-tailed dwarf lemur (*Cheirogaleus medicus*): Rethinking prosimian metabolism. Comp. Biochem. Physiol. 68A: 605-610

MEIER B, LONINA A, HAHN T. (1996): Expeditionsbericht Sommer 1995 – Schaffung eines neuen Nationalparks in Madagaskar. Zeitschrift des Kölner Zoo 39(2): 61-72

MERTL-MILLHOLLEN AS, MORET ES, FELANTSOA D, RASAMIMANANA H, BLUMENFELD-JONES KC, JOLLY A. (2003): Ring-tailed lemur home ranges correlate with food abundance and nutritional content at a time of environmental stress. International Journal of Primatology 24: 969-985

MEYERS DM, RABARIVOLA C, RUMPLER Y. (1989): Distribution and conservation of Sclater's Lemur: implications of a morphological cline. Primate Conservation 10:77-81

MILTON K. (1981): Food choice and digestive strategies of two sympatric primate species. American Nat 117: 496-505

MILTON K. (1999): Nutritional characteristics of wild primate foods: Do the diets of our closest living relatives have lessons for us? Nutrition 15: 488-498

MILTON K. (2000): Back to basics: Why foods of wild primates have relevance for modern human health. Nutrition 16: 480-483

MILTON K. (2002): Hunter-Gatherer diets: wild foods signal relief from diseases from affluence. In: UNGAR PS, TEAFORD MF (2002): Human diet - its origin and evolution. Bergin & Garvey, Press Westport Conn.

MITTERMEIER RA, TATTERSALL I, KONSTANT WR, MEYERS DM, MAST RB. (1994): Lemurs of Madagascar. Tropical Field Guide Series, Conservation International, Washington DC, USA

MITTERMEIER RA, KONSTANT WR, HAWKINS F, LOUIS EE, LANGRAND O, RATSIMBAZAFY J, RASOLOARISON R, GANZHORN JU, RAJAOBELINA S, TATTERSALL I, MEYERS DM. (2006): Lemurs of Madagascar. Tropical Field Guide Series, Conservation International, Washington DC, USA

MÜLLER EF. (1983): Wärme- und Energiehaushalt bei Halbaffen (*Prosimiae*). Bonner Zoologische Beiträge 34: 29-37

MUTSCHLER T. (1999): Folivory in a small-bodied lemur. The nutrition of the Alaotran Gentle Lemur (*Hapalemur griseus alaotrensis*). In: RAKOTOSAMIMANANA B, RASAMIMANANA H, GANZHORN JU, GOODMAN SM. (1999): New directions in lemur studies. Kluwer Academic / Plenum Publishers, New York, Boston, Dordrecht, London, Moscow

NAUMANN C, BASSLER R. (1976): VDLUFA-Methodenbuch Vol. 3 - Die chemische Untersuchung von Futtermitteln (Ergänzungen von 1983, 1988, 1993, 1997, 2004 in loser Blattsammlung). Darmstadt, VDLUFA-Verlag, Deutschland

NORSCIA I, CARRAI V, BORGOGNINI-TARLI SM. (2006): Influence of dry season and food quality and quantity on behavior and feeding strategy of *Propithecus verreauxi* in Kirindy, Madagascar. International Journal of Primatology 27: 1001-1022

OFTEDAL OT. (1991): The nutritional consequences of foraging in primates: the relationship of nutrient intakes to nutrient requirements. Phil. Trans. R. Soc. Lond. B 334: 161-170

OFTEDAL OT, ALLEN ME. (1996): Nutrition and dietary evaluation in zoos. In: KLEINMAN DG, ALLEN ME, THOMPSON KV, LUMPKIN S; HARRIS H. (Hrsg.) (1996): Wild mammals in captivity - Principles and Techniques. The University of Chicago Press, Chicago, USA

OVERDORFF DJ. (1988): Preliminary report on the activity cycle and diet of the red-bellied Lemur (*Eulemur rubriventer*) in Madagascar. American Journal of Primatology 16: 143-153

OVERDORFF DJ. (1992): Differential patterns in flower feeding by *Eulemur fulvus rufus* and *Eulemur rubriventer* in Madagascar. American Journal of Primatology 28: 191-203

OVERDORFF DJ. (1993): Similarities, differences, and seasonal patterns in the diets of *Eulemur rubriventer* and *Eulemur fulvus fulvus* in the Ranomafana National Park, Madagascar. International Journal of Primatology 14(5): 721-753

PASTORINI J, FORSTNER MR, MARTIN RD. (2002): Phylogenetic relationships among Lemuridae (Primates): evidence from mtDNA. J. Hum. Evol. 43(4): 463-478

PEREIRA ME, STROHECKER RA, CAVIGELLI SA, HUGHES CL, PEARSON DD. (1999): Metabolic strategy and social behavior in Lemuridae. In: RAKOTOSAMIMANANA B, RASAMIMANANA H, GANZHORN JU, GOODMAN SM. (1999): New directions in lemur studies. Kluwer Academic / Plenum Publishers, New York, Boston, Dordrecht, London, Moscow

PEREIRA ME, POND CM. (1995): Organization of white adipose tissue in Lemuridae. American Journal of Primatology 3: 1-13

PORTUGAL MM, ASA CS. (1995): Effects of chronic melengestrol acetate contraceptive treatment on perineal tumescence, body weight, and sociosexual behaviour of Hamadryas baboons (*Papio hamadryas*). Zoo Biology 14: 251-259

POWZYK JA, MOWRY CB. (2003): Dietary and feeding differences between sympatric *Propithecus diadema diadema* and *Indri indri*. International Journal of Primatology 24(6): 1143-1162

RABARIVOLA C, MEYERS D, RUMPLER Y. (1991): Distribution and morphological characters of intermediate forms between the black lemur (*Eulemur macaco macaco*) and the Sclater's lemur (*E. m. flavifrons*). Primates 32(1): 269-273

RABARIVOLA C. (1998): Etude génétique comparative de populations insulaires et "continentales" de *Eulemur macaco.* Utilisation simultanée des dermatoglyphes, de marqueurs sanguins et de l'ADN (RAPD) pour étudier la différenciation de *E. macaco* en deux sous-espéces: *E. m. macaco* et *E. m. flavifrons.* Dissertation, Universität Antananarivo, Madagaskar

RAMOS L, SMITH D, DIERENFELD ES. (1995): Intake and digestion in a single Aye-Aye (*Daubentonia madagascariensis*) in captivity. Proceedings of the 1st Annual Conference of the Nutrition Advisory Group (NAG) of the AZA, 1.-2.5.1995 Toronto, Canada

REMIS MJ, DIERENFELD ES, MOWRY CB, CARROLL RW. (2001): Nutritional aspects of western lowland gorilla (*Gorilla gorilla gorilla*) diet during seasons of fruit scarcity at Bai Hokou, Central African Republic. International Journal of Primatology 22: 807-836

RICHARD AF, NICOLL ME. (1987): Female social dominance and basal metabolism in a malagasy primate, *Propithecus verreauxi*. American Journal of Primatology 12: 309-314

ROBBINS CT. (1995): Wildlife feeding and nutrition. Academic Press Inc., San Diego, USA

ROSS C. (1992): Basal metabolic rate, body weight and diet in primates: an evaluation of the evidence. Folia Primatologica 58: 7-23

SCHAAF CD, STUART MD. (1983): Reproduction of the mongoose lemur (*Lemur mongoz*) in captivity. Zoo Biology 2: 23-38

SCHEK A. (2002): Ernährungslehre kompakt. Umschau Zeitschriftenverlag

SCHMID J, GANZHORN JU. (1996): Resting metabolic rates of *Lepilemur ruficaudatus*. American Journal of Primatology 38: 169-174

SCHMIDT DA. (2002): Fiber enrichment of captive primate diets. Dissertation, Missouri University, Columbia, USA

SCHMIDT DA, KERLEY MS, PORTER JH, DEMPSEY JL. (2005a): Structural and non-structural carbohydrate, fat, and protein composition of commercially available, whole produce. Zoo Biology 24: 359-373

SCHMIDT DA, KERLEY MS, PORTON IJ, PORTER JH, DEMPSEY JL, GRIFFIN ME, ELLERSIECK MR, SADLER WC. (2005b): Fiber digestibility by black lemurs (*Eulemur macaco macaco*). Journal of Zoo and Wildlife medicine 36 (2): 204-211

SCHWITZER C, KAUMANNS W. (2001): Body weights of ruffed lemurs (*Varecia variegata*) in European zoos with reference to the problem of obesity. Zoo Biology 20: 261-269

SCHWITZER C, KAUMANNS W. (2003): Foraging patterns of free-ranging and captive primates - Implications for captive feeding regimes. In: FIDGETT A, CLAUSS M, GANSLOßER U, HATT JM and NIJBOER J. (Hrsg.) (2003): Zoo Animal Nutrition Vol. 2. Filander Verlag, Deutschland

SCHWITZER C. (2003): Energy intake and obesity in captive lemurs (Primates, Lemuridae). Dissertation, Universität Köln, Deutschland

SCHWITZER C, SCHWITZER N, RANDRIATAHINA GH, RABARIVOLA C, KAUMANNS W. (2005): Inventory of the *Eulemur macaco flavifrons* population in the Sahamalaza protected area, northwest Madagascar, with notes on an unusual colour variant of *E. macaco*. Primate Report. Special Issue 72(1): 39-40

SCHWITZER C, SCHWITZER N, RANDRIATAHINA GH, RABARIVOLA C, KAUMANNS W. (2006): "Programme Sahamalaza": New perspectives for the *in situ* and *ex situ* study and conservation of the blue-eyed black lemur (*Eulemur macaco flavifrons*) in a fragmented habitat. In: SCHWITZER C, BRANDT S, RAMILIJAONA O, RAKOTOMALALA-RAZANAHOERA M, ACKERMAND D, RAZAKAMANANA T and GANZHORN JU. (Hrsg.): Proceedings of the German-Malagasy Research Cooperation in Life and Earth Sciences. Concept Verlag, Berlin, Deutschland

SCHWITZER N, KAUMANNS W, SEITZ PC, SCHWITZER C. (2007a): Cathemeral activity patterns of the blue-eyed black lemur *Eulemur macaco flavifrons* in intact and degraded forest fragments. Endang. Species Res. 3: 239-247

SCHWITZER N, RANDRIATAHINA GH, KAUMANNS W, HOFFMEISTER D, SCHWITZER C. (2007b): Habitat utilization of blue-eyed black lemurs, *Eulemur macaco flavifrons* (GRAY, 1867), in primary and altered forest fragments. Primate Conservation 22:

SCHWITZER C, POLOWINSKY SY, SOLMAN C.: Fruits as foods – common misconceptions about frugivory. In: Zoo Animal Nutrition Vol.3 (eingereicht)

SIMMEN B, HLADIK A, RAMASIARISOA P. (2003): Food intake and dietary overlap in native *Lemur catta* and *Propithecus verrauxi* and introduced *Eulemur fulvus* at Berenty, Southern Madagascar. International Journal of Primatology 24: 949-968

SIMMEN B, BAYART F, MAREZ A, HLADIK A. (2007): Diet, nutritional ecology, and birth season of *Eulemur macaco* in an anthropogenic forest in Madagascar. International Journal of Primatology 28: 1253-1266

SOUCI SW, FACHMANN W, KRAUT H. (2000): Die Zusammensetzung der Lebensmittel – Nährwert-Tabellen. 6., revidierte und ergänzte Auflage.

SPELMAN LH, OSBORN KG, ANDERSON MP. (1989): Pathogenesis of hemosiderosis in lemurs: role of dietary iron, tannin, and ascorbis acid. Zoo Biology 8: 239-251

STAHL WR. (1967): Scaling of respiratory variables in mammals. J. Appl. Physiol. 22: 453-460

STEVENS CE; HUME ID. (1995): Comparative physiology of the vertebrate digestive system. Cambridge University Press, Cambridge, England

SUSSMAN RW, TATTERSALL I. (1976): Cycles of activity, group composition and diet of *Lemur mongoz mongoz* in Madagascar. Folia Primatologica 26: 270-283

TERRANOVA CJ, COFFMAN BS. (1997): Body weights of wild and captive lemurs. Zoo Biology 16: 17-30

VAN SCHAIK CP, MADDEN R, GANZHORN JU. (2005): Seasonality and primate communities. In: BROCKMAN DK, VAN SCHAIK CP. (2005): Primate Seasonality: Implications for Human Evolution. Cambridge University Press, Cambridge, England

VAN SOEST PJ, ROBERTSON JB, LEWIS BA. (1991): Methods for dietary fiber, neutral detergent fiber, and nonstarch polysaccharides in relation to animal nutrition. Journal of Dairy Science 74, 3583-3597

VASEY N. (2000): Niche separation in *Varecia variegata rubra* and *Eulemur fulvus albifrons*: I. Interspecific patterns. American Journal of Physical Anthropology 112: 411-431

VASEY N. (2002): Niche separation in *Varecia variegata rubra* and *Eulemur fulvus albifrons*: II. Intraspecific patterns. American Journal of Physical Anthropology 118: 169-183

VASEY N. (2004): Circadian rhythms in diet and habitat use in red ruffed lemurs (*Varecia rubra*) and white-fronted brown lemurs (*Eulemur albifrons*). American Journal of Primatology 124: 353-363

WASSERMAN MD, CHAPMAN CA. (2003): Determinants of colobine monkey abundance: the importance of food energy, protein and fibre content. Journal of Animal Ecology 72: 650-659

WECHSLER JG. (Hrsg.) (1998): Adipositas - Ursachen und Therapie. Blackwell Wissenschafts-Verlag, Berlin & Wien

WEST DB, YORK B. (1998): Dietary fat, genetic predisposition, and obesity: lessons from animal models. Am. J. CLI. Nutr. 67: 505-512

WILLIAMS CV, CAMPBELL J, GLEEN KM. (2006): Comparison of serum iron, total iron binding capacity, ferritin, and percent transferring saturation in nine species of apparently healthy captive lemurs. American Journal of Primatology 68: 477-489

WILLIS E, DARTNALL J, MORGAN E, KITCHERSIDE M, GAGE M, POLOWINSKY SY, SCHWITZER C.: Energy and nutrient intake and digestibility in captive mongoose lemurs (*Eulemur mongoz*). In: Zoo Animal Nutrition Vol.3 (eingereicht)

WILSON JM, STEWART PD, RAMANGASON GS, DENNING AM, HUTCHINGS MS. (1989): Ecology and conservation of the crowned lemur, *Lemur coronatus*, at Ankarana, North Madagascar. With notes on Sanford's lemur, other sympatrics and subfossil lemurs. Folia Primatologica 52: 1-26

WOOD C, FANG SG, HUNT A, STREICH WJ, CLAUSS M. (2003): Increased iron absorption in lemurs: quantitative screening and assessment of dietary prevention. American Journal of Primatology 61: 101-110

WRIGHT PC. (1999): Lemur traits and Madagascar ecology: coping with an island environment. Yearbook of Physical Anthropology 42: 31-72

YAMASHITA N. (2002): Diets of two lemur species in different microhabitats in Beza Mahafaly Special Reserve, Madagascar. International Journal of Primatology 23: 1025-1051

YAMASHITA N. (2008): Chemical properties of the diets of two lemur species in southwestern Madagascar. International Journal of Primatology 29: 339-364

7 Anhang

Neben den Abkürzungen für Einheiten des internationalen Einheitensystems wurden folgende Abkürzungen verwendet:

ADF	Saure Detergenzienfaser
ADL	Lignin
d	Tag
GE	Bruttoenergie
K1 SM	Gruppe Zoo Köln Sclater's Makis
K2 KM	Gruppe Zoo Köln Kronenmakis
$LM^{0,75}$	metabolische Körpergröße
M1 SM	Gruppe 1 Zoo Mulhouse Sclater's Makis
M2 SM	Gruppe 2 Zoo Mulhouse Sclater's Makis
MQ SM	Gruppe 3 Zoo Mulhouse Sclater's Makis
M3 KM	Gruppe 1 Zoo Mulhouse Kronenmakis
M4 KM	Gruppe 2 Zoo Mulhouse Kronenmakis
M5 KM	Gruppe 3 Zoo Mulhouse Kronenmakis
MW	Mittelwert
N	Anzahl der Individuen / Proben / Messungen etc.
NDF	Neutrale Detergentienfaser
NFC	Nicht-Faser Kohlenhydrate
NS	Nicht signifikant
N*6,25	Rohprotein
OS	Organische Substanz
S	Signifikant
STABW	Standardabweichung
T	Trockenmasse
VDLUFA	Verband Deutscher Landwirtschaftlicher Untersuchungs- und Forschungsanstalten
XA	Rohasche
XL	Rohfett
25%	Unteres Quartil
75%	Oberes Quartil
1,0	Männliches Tier
0,1	Weibliches Tier

Tabelle 7.1: Körpergewichte der Sclater's Makis im Zoo Köln (Jungtier grau hinterlegt)

Hausname	Körpergewicht [g]							
	13.08.04	**08.09.04**	**06.10.04**	**13.10.04**	**20.10.04**	**27.10.04**	**03.11.04**	**10.11.04**
Mynos	2800	3000	3200	3300	3200	3230	3250	2880
Gigi	3000	3400	3000	2900	2800	2950	2750	2800
Gipsy	2900	3000	2900	2900	2900	2880	2920	2910
Gana	1300	1700	1800	1800	1800	1880	1900	1880
Hausname	**Körpergewicht [g]**							
	17.11.04	**24.11.04**	**08.12.04**	**15.12.04**	**22.12.04**	**29.12.04**	**05.01.05**	**12.01.05**
Mynos	3200	3010	3200	3220	3140	3110	3280	3090
Gigi	2850	2850	2940	2690	2650	2650	2680	2600
Gipsy	2950	2930	2750	2970	3020	2740	3100	3020
Gana	1830	1810	1900	1940	1940	1910	1930	1930
Hausname	**Körpergewicht [g]**							
	19.01.05	**02.02.05**	**09.02.05**	**16.02.05**	**23.02.05**	**03.03.05**	**11.03.05**	**16.03.05**
Mynos	2975	3055	3070	3090	3145		3010	3005
Gigi	2550	2230	2024	2550	2485	2630*		
Gipsy	3085	2550	2550	2960	3250		2245	2250
Gana	1900	1855	1900	1960	1980		1840	1845
Hausname	**Körpergewicht [g]**							
	23.03.05	**30.03.05**	**06.04.05**	**20.04.05**	**27.4.05**	**04.05.05**	**11.05.05**	**19.05.05**
Mynos	3025	3025	2985	2695	2990	2980	2895	2850
Gigi								
Gipsy	2905	2645	2875	2880	2875	2915	2900	2980
Gana	1825	1925	1990	2065	2135	2130	2120	2080
Hausname	**Körpergewicht [g]**							
	25.05.05	**08.06.05**	**22.06.05**	**06.07.05**	**27.07.05**			
Mynos	2980	2825	2850	3010	3000			
Gigi								
Gipsy	2920	3045	3020	2915	3070			
Gana	2110	2190	2100	2110	2265			

* Körpergewicht wurde nach Einschläfern des Tieres ermittelt.

Tabelle 7.2: Körpergewichte der Kronenmakis im Zoo Köln

Hausname	**Körpergewicht [g]**							
	08.09.04	**17.11.04**	**24.11.04**	**08.12.04**	**15.12.04**	**22.12.04**	**29.12.04**	**12.01.05**
Lothar	2100	2210		2020	2060	2080	2100	2040
Odile	2100		2270	2210	2200	2340	2240	2560
Olivia	2400		2270	2180	2240	2300	2270	2300
Hausname	**Körpergewicht [g]**							
	02.02.05	**23.02.05**						
Lothar	2080	1980						
Odile	1950	1900						
Olivia	2100	2100						

Tabelle 7.3: Körpergewichte der Sclater's Makis im Zoo Mulhouse (Jungtier grau hinterlegt)

Hausname	Körpergewicht [g]			
	09/2001	**11/2005**	**02/2006**	**06/2006**
Olivier		2427	2256	2244
Sidoine		2477	2000	2244
Attila	-		1280	1672
Kimjung		2477	2398	2386
Bernadette	2680	2559	2462	2174
Bobby		2591	2600	
Saartje		2881	2758	

Tabelle 7.4: Körpergewichte der Kronenmakis im Zoo Mulhouse (Jungtiere grau hinterlegt)

Hausname	Körpergewicht [g]			
	09/2001	**12/2003**	**02/2004**	**06/2006**
Eloi				1554
Pia		1330	1365	1576*
Antares	-	-	-	636
Andromede	-	-	-	750
Pauline				1254
Altair	-	-	-	818
Aldebaran	-	-	-	818
Felix	1440			1364
Julie		1472	1505	1470
Ugo	-			1310
Verona	-	-	-	k.A.
Atlas	-	-	-	k.A.

* Hier lag zum Zeitpunkt der Wägung eine Trächtigkeit vor. Diese Daten werden nicht berücksichtigt.

Tabelle 7.5: Mittleres Futterangebot und mittlere Futteraufnahme (± Standardabweichung, kurz: STABW) sowie Minimum- und Maximumwerte der Sclater's Makis im Zoo Köln

Futterangebot [g T] pro Tier und Tag					
Monat	**N**	**MW**	**STABW**	**Minimum**	**Maximum**
06/2004	15	62,0	9,8	47,4	78,9
07/2004	12	63,1	7,6	49,8	73,9
08/2004	14	67,9	8,6	56,2	82,4
09/2004	7	67,2	9,6	54,3	77,9
10/2004	10	68,6	8,3	52,3	80,1
11/2004	15	65,9	8,0	50,6	77,5
12/2004	Für diesen Monat liegen keine Daten vor.				
01/2005	10	62,0	15,0	41,8	87,3
02/2005	14	63,3	10,4	49,3	85,6
03/2005	11	78,2	16,5	49,0	96,0
04/2005	15	70,6	17,1	46,2	98,1
05/2005	17	74,0	18,8	49,5	108,1
Futteraufnahme [g T] pro Tier und Tag					
Monat	**N**	**MW**	**STABW**	**Minimum**	**Maximum**
06/2004	15	49,7	11,2	33,9	66,9
07/2004	12	54,6	5,8	45,1	64,7
08/2004	14	58,1	10,3	38,5	72,0
09/2004	7	61,2	6,5	52,4	69,1
10/2004	10	64,1	5,2	52,3	71,0
11/2004	15	59,1	8,7	45,7	71,2
12/2004	Für diesen Monat liegen keine Daten vor.				
01/2005	10	54,0	9,8	38,2	70,5
02/2005	14	53,6	8,0	39,6	72,0
03/2005	11	65,5	13,5	41,1	79,8
04/2005	15	63,6	14,4	46,2	88,5
05/2005	17	61,0	8,9	48,8	80,6

N = Anzahl der in den Mittelwert eingehenden Tage, an denen das Futterangebot bzw. die Futteraufnahme bestimmt wurde

Tabelle 7.6: Mittleres Futterangebot und mittlere Futteraufnahme (± Standardabweichung, kurz: STABW) sowie Minimum- und Maximumwerte der Kronenmakis im Zoo Köln

Futterangebot [g T] pro Tier und Tag					
Monat	**N**	**MW**	**STABW**	**Minimum**	**Maximum**
08/2004	8	84,8	8,4	70,5	96,7
09/2004	7	76,5	9,7	61,1	83,5
11/2004	12	64,7	12,4	49,8	88,0
02/2005	14	62,5	11,2	45,1	84,7
05/2005	14	69,2	16,3	47,1	94,8
Futteraufnahme [g T] pro Tier und Tag					
Monat	**N**	**MW**	**STABW**	**Minimum**	**Maximum**
08/2004	8	56,5	10,5	43,8	70,7
09/2004	7	62,3	9,7	48,8	80,5
11/2004	12	49,7	9,2	39,4	70,0
02/2005	14	51,9	7,9	38,8	70,7
05/2005	14	52,5	9,4	39,8	68,1

N = Anzahl der in den Mittelwert eingehenden Tage, an denen das Futterangebot bzw. die Futteraufnahme bestimmt wurde

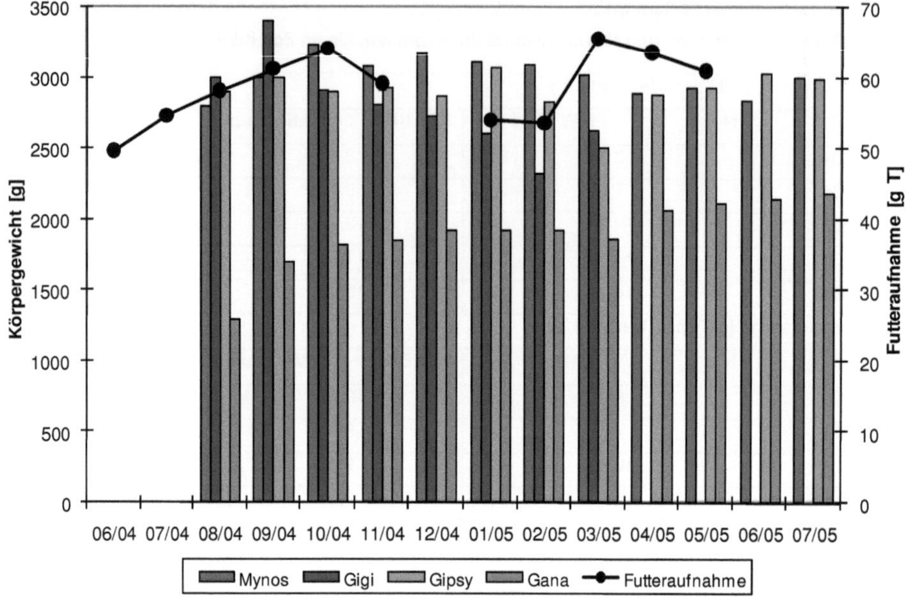

Abbildung 7.1: Futteraufnahme- und Körpergewichtsentwicklung der Sclater's Makis Mynos, Gigi, Gipsy und Gana im Zoo Köln im Jahresverlauf 2004 / 2005

Tabelle 7.7: Alle im Zoo Köln eingesetzten Futtermittel und ihre Zuordnung in die jeweilige Futtermittelkategorie

Futtermittel	**Futtermittelkategorie nach Souci *et al.* (2000)**	**Futtermittelkategorie vereinfacht**
Erdbeere	Beeren	Früchte
Rosinen	Beeren	Früchte
Stachelbeere	Beeren	Früchte
Weintraube, hell	Beeren	Früchte
Weintraube, dunkel	Beeren	Früchte
Apfelsine	Exotische Früchte	Früchte
Honigmelone	Exotische Früchte	Früchte
Kiwi	Exotische Früchte	Früchte
Mandarine	Exotische Früchte	Früchte
Papaya	Exotische Früchte	Früchte
Wassermelone	Exotische Früchte	Früchte
Apfel	Kernobst	Früchte
Birne	Kernobst	Früchte
Aprikose	Steinobst	Früchte
Mirabelle	Steinobst	Früchte
Nektarine	Steinobst	Früchte
Pfirsich	Steinobst	Früchte
Pflaume	Steinobst	Früchte
Erdnüsse (mit Schale)	Schalenfrüchte	Früchte
Walnuss (mit Schale)	Schalenfrüchte	Früchte
Blattspinat	Blatt-, Stängel-, Blütengemüse	Gemüse
Blumenkohl	Blatt-, Stängel-, Blütengemüse	Gemüse
Brokkoli	Blatt-, Stängel-, Blütengemüse	Gemüse
Dill	Blatt-, Stängel-, Blütengemüse	Gemüse
Fenchel	Blatt-, Stängel-, Blütengemüse	Gemüse
Kohlrabiblätter	Blatt-, Stängel-, Blütengemüse	Gemüse
Lauch	Blatt-, Stängel-, Blütengemüse	Gemüse
Mangold	Blatt-, Stängel-, Blütengemüse	Gemüse
Petersilie	Blatt-, Stängel-, Blütengemüse	Gemüse
Salat (Bella Bionda)	Blatt-, Stängel-, Blütengemüse	Gemüse
Salat (Bella Rossa)	Blatt-, Stängel-, Blütengemüse	Gemüse
Salat (Catalana)	Blatt-, Stängel-, Blütengemüse	Gemüse
Salat (Chicoree)	Blatt-, Stängel-, Blütengemüse	Gemüse
Salat (Eichblatt)	Blatt-, Stängel-, Blütengemüse	Gemüse

Fortsetzung Tabelle 7.7

Futtermittel	Futtermittelkategorie nach Souci *et al.* (2000)	Futtermittelkategorie vereinfacht
Salat (Eisberg)	Blatt-, Stängel-, Blütengemüse	Gemüse
Salat (Endivie)	Blatt-, Stängel-, Blütengemüse	Gemüse
Salat (Feldsalat)	Blatt-, Stängel-, Blütengemüse	Gemüse
Salat (Kopfsalat)	Blatt-, Stängel-, Blütengemüse	Gemüse
Salat (Romana)	Blatt-, Stängel-, Blütengemüse	Gemüse
Sellerie-Grün	Blatt-, Stängel-, Blütengemüse	Gemüse
Soja	Blatt-, Stängel-, Blütengemüse	Gemüse
Zwiebel (Gemüse-)	Blatt-, Stängel-, Blütengemüse	Gemüse
Zwiebel (rot)	Blatt-, Stängel-, Blütengemüse	Gemüse
Kartoffel (gekocht)	Wurzel-, Knollengemüse	Gemüse
Knollensellerie	Wurzel-, Knollengemüse	Gemüse
Kohlrabi	Wurzel-, Knollengemüse	Gemüse
Möhre	Wurzel-, Knollengemüse	Gemüse
Radieschen	Wurzel-, Knollengemüse	Gemüse
Rettich / Radi	Wurzel-, Knollengemüse	Gemüse
Schwarzwurzel	Wurzel-, Knollengemüse	Gemüse
Staudensellerie	Wurzel-, Knollengemüse	Gemüse
Aubergine	Gemüsefrüchte	Gemüse
Kürbis	Gemüsefrüchte	Gemüse
Mais	Gemüsefrüchte	Gemüse
Paprika (grün)	Gemüsefrüchte	Gemüse
Paprika (rot)	Gemüsefrüchte	Gemüse
Salatgurke	Gemüsefrüchte	Gemüse
Tomate	Gemüsefrüchte	Gemüse
Zucchini	Gemüsefrüchte	Gemüse
Bohnen (grün)	Hülsenfrüchte	Gemüse
Erbsenschote	Hülsenfrüchte	Gemüse
Körnermischung	Sämereien	Sämereien
Brei	Brei	Brei
Brei, Titanoxid	Brei	Brei
Ei (gekocht)	Eiprodukte	Eiprodukte
Brot	Getreideprodukte	Getreideprodukte
Keimweizen	Getreideprodukte	Getreideprodukte
Knäckebrot, Sesam	Getreideprodukte	Getreideprodukte
Knäckebrot, Vollkorn	Getreideprodukte	Getreideprodukte

Fortsetzung Tabelle 7.7

Futtermittel	**Futtermittelkategorie nach Souci *et al.* (2000)**	**Futtermittelkategorie vereinfacht**
Reis (gekocht)	Getreideprodukte	Getreideprodukte
Zwieback	Getreideprodukte	Getreideprodukte
Pellets Sorte 1	Pelletierte Futtermittel	Pelletierte Futtermittel
Pellets Sorte 2	Pelletierte Futtermittel	Pelletierte Futtermittel
Pellets Sorte 3	Pelletierte Futtermittel	Pelletierte Futtermittel
Pellets Sorte 4	Pelletierte Futtermittel	Pelletierte Futtermittel

Tabelle 7.8: Übersicht Herstellerangaben der industriell gefertigten Futtermittel, die im Zoo Köln verwendet wurden

Futtermittel Zoo Köln	**Hersteller**
Brei	Zooeigene Mischung: 6-Korn-Brei-Pulver, Edelhefe, Weizenkleie, $CaCO_3$, Haferflocken, Magerquark, Bananen, gekochte Eier, Wasser
Brot	Handelsübliche Ware
Erdnüsse	Handelsübliche Ware
Knäckebrot, Sesam	Handelsübliche Ware
Knäckebrot, Vollkorn	Handelsübliche Ware
Sämereien = Körnermischung	Zooeigene Mischung: Kürbiskerne, Mais, Sonnenblumenkerne, Weizen
Zwieback	Brandt, Zwieback-Schokoladen GmbH & Co. KG D-58123 Hagen
Pellets Sorte 1 = Mazuri Primate	Mazuri Zoo Foods, Vertrieb in Deutschland über aleckwa Tiernahrung T. Mayer, Postfach 25, 67165 Waldsee
Pellets Sorte 2 = Haltungsfutter - Affen	Altromin GmbH, Im Seelenkamp 20, 32791 Lage
Pellets Sorte 3 = Marion Leaf Eater Food	Marion Zoological, 2003 Center Circle, Plymouth, MN 55441
Pellets Sorte 4 = ssniff Pri	Ssniff Spezialdiäten GmbH, Ferdinand-Gabriel-Weg 16, 59494 Soest

Tabelle 7.9: Ergebnisse der Trockenmassebestimmung Zoo Köln

Futtermittel	T [%]	Futtermittel	T [%]	Futtermittel	T [%]
Apfel	14,87	Paprika (grün)	5,31	Zucchini	4,63
Apfelsine	13,06	Paprika (rot)	8,15	Zwieback	93,49
Aprikose	17,66	Paprika (Mix)	6,08	Zwiebel (Gemüse-)	7,45
Aubergine	6,62	Pellets Sorte 1	90,09	Zwiebel (rot)	12,92
Birne	14,25	Pellets Sorte 2	88,93	Kotprobe Kronenmakis	19,74
Blattspinat	8,40	Pellets Sorte 3	94,09	Kotprobe Sclater's Makis	20,97
Blumenkohl	5,12	Pellets Sorte 4	90,93		
Bohnen (grün)	9,29	Petersilie	14,54		
Brei	21,39	Pfirsich	8,91		
Brei, Titanoxid	13,72	Pflaume	12,21		
Brokkoli	10,30	Radieschen	3,22		
Brot	67,23	Reis (gekocht)	26,27		
Dill	13,58	Rettich	5,82		
Ei (gekocht)	23,92	Rosinen	78,45		
Erbsenschote	9,69	Salat (Bella Bionda)	4,55		
Erdbeere	8,92	Salat (Bella Rossa)	4,53		
Erdnüsse (mit Schale)	94,75	Salat (Catalana)	6,77		
Fenchel	6,32	Salat (Chicoree)	4,39		
Honigmelone	9,31	Salat (Eichblatt)	5,80		
Kartoffel (gekocht)	19,87	Salat (Eisberg)	2,94		
Keimweizen	22,77	Salat (Endivie)	4,58		
Kiwi	14,45	Salat (Feldsalat)	11,13		
Knäckebrot	92,73	Salat (Kopfsalat)	4,54		
Knollensellerie	10,68	Salat (Romana)	5,07		
Kohlrabi	8,28	Salatgurke	3,23		
Kohlrabiblätter	12,25	Schwarzwurzel	24,31		
Körnermischung	90,84	Sellerie-Grün	12,25		
Kürbis	8,70	Soja	6,65		
Lauch	8,58	Stachelbeere	12,70		
Mais	32,01	Staudensellerie	5,76		
Mandarine (ohne Schale)	14,17	Tomate	5,06		
Mangold	7,80	Traube (hell)	16,16		
Mirabelle	18,44	Traube (dunkel)	16,16		
Möhre	10,39	Traube (Mix)	16,16		
Nektarine	12,30	Walnuss (mit Schale)	91,21		
Papaya	12,10	Wassermelone	15,96		

Tabelle 7.10: Ergebnisse der Nährstoffanalysen Sammelphase 1 Sommer 2004, Zoo Köln

Futtermittel	XA [g/kg T]	NDF [g/kg T]	ADF [g/kg T]	ADL [g/kg T]	XL [g/kg T]	N*6,25 [g/kg T]	GE [kJ/kg T]
Pellets Sorte 1	95,3	240	49	16	76,5	267	19364
Pellets Sorte 2	64,8	191	64	16	61,7	233	19244
Pellets Sorte 4	55,2	151	28	6	83,9	295	19921
Körnermischung***	24,8	261	138	56	285	182	24084
Erdnüsse	29,1	329	248	113	370	209	26820
Apfel	16,4	147	77	31	12,4	16,4	16684
Möhre	80,7	120	98	42	24,8	83,4	16685
Kohlrabi	118,4	171	126	31	28,3	241	17400
Knollensellerie	102,4	147	122	64	26,4	152	16090
Paprika, Mix	65	193	149	56	24,1	120	18400
Kartoffel	45,9	180	36	4	4,86	124	16808
Brei**	68,3	268	34	19	50,4	264	18584
Mischprobe 1*	42,1	292	143	32	21,0	114	18086
Mischprobe 2*	21,8	235	30	6	42,4	121	18519
Mischprobe 3*	101,1	171	117	29	11,8	166	16542
Mischprobe 4*	49,3	96	74	22	9,77	39,9	17396
Kot K1 SM	155,6	346	190	62	54,0	201	18098
Kot K2 KM	193,0	315	152	51	59,2	216	17714

T, XA, NDF, ADF, ADL, XL,N*6,25, GE = vgl. Kapitel 2.1.5.2 Nährstoffanalysen

* Mischprobe 1: Gemüse- und Hülsenfrüchte; Mischprobe 2: Getreide; Mischprobe 3: Blatt-, Stengel-, Blüten-, Wurzel- und Knollengemüse; Mischprobe 4: Obst

**Brei bestehend aus: 6-Korn-Brei, Edelhefe, Weizenkleie, $CaCO_3$, Haferflocken, Magerquark, Bananen, gekochte Eier, Wasser

***Körnermischung bestehend aus: Kürbiskerne, Mais, Sonnenblumenkerne, Weizen

Tabelle 7.11: Ergebnisse der Nährstoffanalysen Sammelphase 2 Herbst 2004, Zoo Köln

Futtermittel	XA [g/kg T]	NDF [g/kg T]	ADF [g/kg T]	ADL [g/kg T]	XL [g/kg T]	N*6,25 [g/kg T]	GE [kJ/kg T]
Pellets Sorte 1	96,1	233	49	18	82,8	273	19249
Pellets Sorte 2	63,4	174	53	16	72,3	238	19208
Pellets Sorte 3	65,2	226	113	36	64,9	260	19329
Pellets Sorte 4	62,3	158	30	5	79,4	304	19733
Körnermischung***	19,4	421	85	31	118	152	20493
Erdnüsse	32,5	460	308	157	323	201	23357
Möhre	82,9	121	89	38	12,1	67,1	16578
Kohlrabi	119,3	141	111	KA	8,73	242	17350
Knollensellerie	96,6	159	110	39	22,7	93,1	15969
Apfel	34,1	84	53	16	3,13	21,1	16807
Birne	27,8	163	116	48	3,27	43,3	17100
Schwarzwurzel	66,4	105	78	47	19,1	112	16726
Kartoffel	52,9	294	36	4	KA	119	16672
Ei	37,3	0	0	0	353	595	27990
Wassermelone	33,9	59	35	9	28,5	97,7	18126
Brei**	65,5	128	28	12	65,3	281	19312
Brei, Titanoxid	26,8	46	2	0	152	121	20644
Mischprobe 1*	92,7	165	129	34	20,6	189	17918
Mischprobe 2*	18,2	213	14	4	29,2	115	18293
Mischprobe 3*	94,5	147	106	25	17,5	181	16939
Mischprobe 4*	45,4	139	122	58	34,4	68,9	17496
Kot K1 SM	164,7	415	287	132	59,5	177	17980
Kot K2 KM	191,3	284	178	62	82,0	197	17642

T, XA, NDF, ADF, ADL, XL,N*6,25, GE = vgl. Kapitel 2.1.5.2 Nährstoffanalysen

* Mischprobe 1: Gemüse- und Hülsenfrüchte; Mischprobe 2: Getreide; Mischprobe 3: Blatt-, Stengel-, Blüten-, Wurzel- und Knollengemüse; Mischprobe 4: Obst

**Brei bestehend aus: 6-Korn-Brei, Edelhefe, Weizenkleie, $CaCO_3$, Haferflocken, Magerquark, Bananen, gekochte Eier, Wasser

***Körnermischung bestehend aus: Kürbiskerne, Mais, Sonnenblumenkerne, Weizen

KA = kein (verwertbares) Analyseergebnis vorhanden

Tabelle 7.12: Ergebnisse der Nährstoffanalysen Sammelphase 3 Winter 2005, Zoo Köln

Futtermittel	XA [g/kg T]	NDF [g/kg T]	ADF [g/kg T]	ADL [g/kg T]	XL [g/kg T]	N*6,25 [g/kg T]	GE [kJ/kg T]
Pellets Sorte 1	93,6	251	46	17	86,1	274	19474
Pellets Sorte 2	60,9	153	50	19	71,6	229	19558
Pellets Sorte 3	64,2	210	105	37	65,2	265	19518
Pellets Sorte 4	64,1	177	30	9	80,5	306	19797
Körnermischung***	23,6	350	166	83	250	182	23564
Erdnüsse	29,4	396	265	137	376	212	26839
Möhre	73,1	120	85	24	10,9	76,2	16923
Kohlrabi	97,6	101	71	18	8,66	192	17953
Knollensellerie	120,4	199	127	64	15,9	157	16152
Apfel	18,7	79	52	17	5,52	17,6	17440
Birne	24	161	111	43	5,08	26,2	17622
Paprika, Mix	87	157	126	43	40,1	154	18578
Kartoffel	49,6	230	21	KA	16,7	102	17297
Gemüsezwiebel	48,5	107	72	13	8,16	118	17874
Brei**	61	69	17	10	62,9	340	20659
Brei, Titanoxid	32,8	88	0	0	34,6	124	18226
Mischprobe 1*	86,9	158	123	30	11,3	189	17159
Mischprobe 2*	19,8	188	15	5	29,5	117	18464
Mischprobe 3*	100,2	140	107	22	12,4	192	16838
Mischprobe 4*	41,7	106	87	39	21,3	50,9	17672
Kot K1 SM	144,5	381	232	81	46,9	185	17881
Kot K2 KM	150,2	354	218	69	48,1	189	17912

T, XA, NDF, ADF, ADL, XL,N*6,25, GE = vgl. Kapitel 2.1.5.2 Nährstoffanalysen

* Mischprobe 1: Gemüse- und Hülsenfrüchte; Mischprobe 2: Getreide; Mischprobe 3: Blatt-, Stengel-, Blüten-, Wurzel- und Knollengemüse; Mischprobe 4: Obst

**Brei bestehend aus: 6-Korn-Brei, Edelhefe, Weizenkleie, $CaCO_3$, Haferflocken, Magerquark, Bananen, gekochte Eier, Wasser

***Körnermischung bestehend aus: Kürbiskerne, Mais, Sonnenblumenkerne, Weizen

KA = kein (verwertbares) Analyseergebnis vorhanden

Tabelle 7.13: Ergebnisse der Nährstoffanalysen Sammelphase 4 Frühjahr 2005, Zoo Köln

Futtermittel	XA [g/kg T]	NDF [g/kg T]	ADF [g/kg T]	ADL [g/kg T]	XL [g/kg T]	N*6,25 [g/kg T]	GE [kJ/kg T]
Pellets Sorte 1	97,5	248	52	17	87,0	270	19360
Pellets Sorte 2	69,2	222	54	14	69,1	226	18955
Pellets Sorte 3	66,1	214	111	34	66,6	265	19312
Pellets Sorte 4	66,3	168	33	6	81,9	311	19646
Körnermischung***	18,6	603	68	24	79,8	153	19705
Erdnüsse	30,7	395	257	128	399	193	26934
Möhre	88,6	121	101	32	12,4	87,8	16252
Kohlrabi	102,5	175	137	64	13,0	229	17282
Knollensellerie	115,2	157	117	57	15,9	132	16024
Apfel	15,9	88	64	21	10,1	24,9	16862
Birne	38,3	216	156	68	8,43	48,5	17331
Paprika, Mix	91,5	166	138	53	40,4	172	18721
Kartoffel	44,8	242	36	1	1,55	131	17012
Kiwi	58,8	151	122	66	40,1	95,3	17944
Brei**	89,5	247	32	10	82,6	300	18976
Brei, Titanoxid	33,4	77	1	0	35,3	135	17710
Mischprobe 1*	98,4	153	127	43	16,6	164	17143
Mischprobe 2*	20,9	303	21	4	30,8	100	18237
Mischprobe 3*	85,6	194	103	10	9,14	169	16523
Mischprobe 4*	37,2	122	95	25	13,4	56,5	17030
Kot K1 SM	151,5	437	297	117	50,1	148	18206
Kot K2 KM	155,2	395	279	103	28,7	175	18044

T, XA, NDF, ADF, ADL, XL,N*6,25, GE = vgl. Kapitel 2.1.5.2 Nährstoffanalysen

* Mischprobe 1: Gemüse- und Hülsenfrüchte; Mischprobe 2: Getreide; Mischprobe 3: Blatt-, Stengel-, Blüten-, Wurzel- und Knollengemüse; Mischprobe 4: Obst

**Brei bestehend aus: 6-Korn-Brei, Edelhefe, Weizenkleie, $CaCO_3$, Haferflocken, Magerquark, Bananen, gekochte Eier, Wasser

***Körnermischung bestehend aus: Kürbiskerne, Mais, Sonnenblumenkerne, Weizen

Tabelle 7.14: Alle im Zoo Mulhouse eingesetzten Futtermittel und ihre Zuordnung in die jeweilige Futtermittelkategorie

Futtermittel	Futtermittelkategorie nach Souci *et al.* (2000)	Futtermittelkategorie vereinfacht
Erdbeere	Beeren	Früchte
Weintraube, dunkel	Beeren	Früchte
Ananas	Exotische Früchte	Früchte
Apfelsine	Exotische Früchte	Früchte
Banane	Exotische Früchte	Früchte
Honigmelone	Exotische Früchte	Früchte
Kiwi	Exotische Früchte	Früchte
Apfel	Kernobst	Früchte
Aprikose	Steinobst	Früchte
Kirsche	Steinobst	Früchte
Nektarine	Steinobst	Früchte
Blumenkohl	Blatt-, Stängel-, Blütengemüse	Gemüse
Brokkoli	Blatt-, Stängel-, Blütengemüse	Gemüse
Fenchel	Blatt-, Stängel-, Blütengemüse	Gemüse
Lauch	Blatt-, Stängel-, Blütengemüse	Gemüse
Salat (Bella Bionda)	Blatt-, Stängel-, Blütengemüse	Gemüse
Salat (Bella Rossa)	Blatt-, Stängel-, Blütengemüse	Gemüse
Salat (Chicoree)	Blatt-, Stängel-, Blütengemüse	Gemüse
Salat (Eisberg)	Blatt-, Stängel-, Blütengemüse	Gemüse
Salat (Kopfsalat)	Blatt-, Stängel-, Blütengemüse	Gemüse
Möhre, gekocht	Wurzel-, Knollengemüse	Gemüse
Staudensellerie	Wurzel-, Knollengemüse	Gemüse
Aubergine	Gemüsefrüchte	Gemüse
Paprika (gelb)	Gemüsefrüchte	Gemüse
Paprika (grün)	Gemüsefrüchte	Gemüse
Paprika (rot)	Gemüsefrüchte	Gemüse
Salatgurke	Gemüsefrüchte	Gemüse
Tomate	Gemüsefrüchte	Gemüse
Zucchini	Gemüsefrüchte	Gemüse
Pain au lait	Getreideprodukte	Getreideprodukte
Pellets Sorte 5	Pelletierte Futtermittel	Pelletierte Futtermittel
Futterzusatz Simial	Futterzusatz	Futterzusatz

Tabelle 7.15: Übersicht Herstellerangaben der industriell gefertigten Futtermittel, die im Zoo Mulhouse verwendet wurden (GOMIS 2007)

Futtermittel Zoo Mulhouse	Hersteller
Pellets = Crousti Croc Dog Pellets	Metro, Frankreich
Simial Pulver	Sanders Grand Est, Frankreich
Vitapaulia M	Intervet, Frankreich

Tabelle 7.16: Ergebnisse der Trockenmassebestimmung Zoo Mulhouse

Futtermittel	T [%]	Futtermittel	T [%]
Ananas	14,55	Nektarine	7,95
Apfel	15,10	Pain au lait	27,26
Apfelsine	10,08	Paprika (grün)	5,54
Aprikose	10,92	Paprika (rot)	7,69
Aubergine	6,60	Paprika (gelb)	7,45
Banane	19,60	Pellets	90,68
Blumenkohl	7,18	Salat (Bella Bionda)	4,09
Brokkoli	9,63	Salat (Bella Rossa)	3,61
Erdbeere	8,69	Salat (Chicoree)	3,83
Fenchel	6,68	Salat (Eisberg)	KA
Futterzusatz Simial	89,03	Salat (Kopf-)	4,16
Kirsche	15,01	Salatgurke	3,29
Kiwi	13,79	Staudensellerie	5,74
Lauch	9,18	Tomate	4,82
Honigmelone	9,63	Weintraube (dunkel)	16,73
Möhre (gekocht)	8,35	Zucchini	4,74

KA = kein (verwertbares) Analyseergebnis vorhanden

Tabelle 7.17: Ergebnisse Nährstoffanalysen Zoo Mulhouse

Futtermittel	XA [g/kg T]	NDF [g/kg T]	ADF [g/kg T]	ADL [g/kg T]	XL [g/kg T]	N*6,25 [g/kg T]	GE [kJ/kg T]
Erdbeere	42,4	108	86	41	26,1	70,0	118025
Weintraube, dunkel	KM*	KM*	KM*	KM*	KM*	KM*	KM*
Ananas	28,3	111	49	11	4,20	28,7	16918
Apfelsine	35,8	35	24	3	8,49	58,4	17468
Banane	31,1	360	36	23	5,03	48,8	17190
Kiwi	49,4	175	144	85	77,1	90,4	18987

Fortsetzung Tabelle 7.17

Futtermittel	XA [g/kg T]	NDF [g/kg T]	ADF [g/kg T]	ADL [g/kg T]	XL [g/kg T]	N*6,25 [g/kg T]	GE [kJ/kg T]
Honigmelone	93,4	85	69	5	4,89	118	16953
Apfel	15,9	91	62	20	9,89	12,0	16008
Aprikose	57,7	72	56	5	8,31	126	17039
Kirsche	33,4	47	27	3	6,38	119	18069
Nektarine	36,4	88	62	12	7,42	98,9	17437
Blumenkohl	90,9	174	128	56	20,6	243	17989
Brokkoli	94,7	160	118	58	25,5	286	18573
Fenchel	160,0	172	136	74	11,6	166	15250
Lauch	32,0	108	82	51	7,77	44,1	16776
Bella Bionda	KM*	KM*	KM*	KM*	KM*	KM*	KM*
Bella Rossa	KM*	KM*	KM*	KM*	KM*	KM*	KM*
Chicoree	KM*	KM*	KM*	KM*	KM*	KM*	KM*
Eisberg	KM*	KM*	KM*	KM*	KM*	KM*	KM*
Kopfsalat	KM*	KM*	KM*	KM*	KM*	KM*	KM*
Möhre, gekocht	62,5	125	93	35	8,30	77,5	16788
Staudensellerie	203,5	176	142	76	16,0	195	13857
Aubergine	83,7	214	158	34	7,06	148	17017
Paprika, gelb	76,8	187	156	63	35,4	138	19739
Paprika, grün	74,7	183	153	62	25,2	146	16953
Paprika, rot	72,6	123	104	42	27,4	128	18256
Salatgurke	118,1	114	87	31	18,4	208	16464
Tomate	83,2	146	105	53	47,9	122	18035
Zucchini	117,2	123	78	11	19,1	240	17245
Pain au lait	40,1	114	7	3	17,5	157	17880
Pellets	84,5	258	67	26	70,8	209	19098
Futterzusatz Simial	117,0	209	76	18	55,1	295	17909
M1 SM	150,3	487	330	130	69,7	181	18153
M2 SM	187,9	391	252	113	88,8	206	18193
M3 KM	178,8	375	259	116	83,2	227	18498
M4 KM	187,2	404	268	120	82,1	206	18167
M5 KM	174,9	399	283	121	84,7	211	18097
MQ SM	205,3	346	196	82	107,7	219	19124

T, XA, NDF, ADF, ADL, XL,N*6,25, GE = vgl. Kapitel 2.1.5.2 Nährstoffanalysen

*KM = Nicht ausreichend Material für angegebene Analysen vorhanden

Tabelle 7.18: Zuordnung der Proben madagassischer Pflanzen in die Kategorien Zeitpunkt der Probennahme: Regenzeit / Trockenzeit sowie Standort der Probennahme: Primärwald / Sekundärwald

Futterpflanze	Zeitpunkt	Standort
Monimiaceae *Tambourissa masoalensis*	Trockenzeit	Primärwald
Leeaceae *Leea guineensis*	Trockenzeit	Primärwald
Malvaceae *Sterculia spec.*	Trockenzeit	KA*
Rubiaceae *Psychothria spec.*	Trockenzeit	Primärwald
Moraceae *Ficus grevei*	Trockenzeit	Primärwald & Sekundärwald
Burseraceae *Canarium madagascariensis*	Trockenzeit	Sekundärwald
Violaceae *Rinorea spinosa*	Trockenzeit	Primärwald
Anacardiaceae *Mangifera indica*	Trockenzeit	KA*
Monimiaceae *Tambourissa thouveiotii*	Trockenzeit	Primärwald
Moraceae *Ficus spec.*	Trockenzeit	Primärwald & Sekundärwald
Moraceae *Treculia africana subspec.madagascariensis*	Trockenzeit	Primärwald
Fabaceae *Albizia spec.*	Regenzeit	Sekundärwald
Loganiaceae *Strychnos madagascariensis*	Regenzeit	Sekundärwald
Passifloraceae *Passiflora incarnata*	Regenzeit	KA*
Rubiaceae *Vanguesia madagascariensis*	Trockenzeit	KA*
Arecaceae *Elaeis guineensis*	Trockenzeit	KA*
Rubiaceae *Polysphaeria spec.*	Trockenzeit	Primärwald & Sekundärwald
Asclepiadaceae *Gymneina sylustre*	Trockenzeit	KA*
Myrtaceae *Psidium guajava*	Trockenzeit	KA*
Anacardiaceae *Mangifera indica*	Regenzeit	KA*
Lauraceae *Beilschmiedia velutina*	Regenzeit	KA*
Aphloiaceae *Aphloia theiformis*	Regenzeit	Sekundärwald
Anisophylleaceae *Anisophyllea fallax*	Regenzeit	KA*
Lauraceae C*assytha filiformis*	Regenzeit	KA*
Rubiaceae *Gaertnera spec.*	Regenzeit	Sekundärwald
Erythroxylaceae *Erythroxylum platycladum*	Regenzeit	Sekundärwald
Sapindaceae *Macphersonia gracilis*	Regenzeit	Primärwald & Sekundärwald
Moraceae *Maillardia montana*	Regenzeit	Primärwald & Sekundärwald
Euphorbiaceae *Margaritaria anomala*	Regenzeit	Sekundärwald
Malvaceae *Grewia lavanalensis*	Regenzeit	KA*
Rubiaceae *Psychothria spec.*	Regenzeit	Primärwald
Malvaceae *Grewia lavanalensis*	Regenzeit	KA*
Rubiaceae *Chassalia spec.*	Regenzeit	KA*
Rubiaceae *Canthium spec.*	Regenzeit	Primärwald & Sekundärwald
Arecaceae *Dypsis spec.*	Regenzeit	Sekundärwald

Fortsetzung Tabelle 7.18

Futterpflanze	**Zeitpunkt**	**Standort**
Celastraceae *Brexiella spec.*	Regenzeit	Sekundärwald
Rubiaceae *Mussaenda spec.*	Regenzeit	Primärwald
Sapindaceae *Plagioscyphus jumellei*	Regenzeit	Primärwald
Sapindaceae *Chouxia sorindeoides*	Regenzeit	Primärwald
Rubiaceae *Hyperacanthus verrucosa*	Regenzeit	Primärwald
Clusiaceae *Harungana madagascariensis*	Regenzeit	Primärwald & Sekundärwald
Rubiaceae *Hyperacanthus spec.*	Regenzeit	Sekundärwald
Rubiaceae *Gardenia rutenbergiana*	Regenzeit	Primärwald & Sekundärwald
Monimiaceae *Tambourissa spec.*	Trockenzeit	KA*
Rubiaceae *Psychothria spec.*	Trockenzeit	Primärwald
Solanaceae *Capsicum annuum*	Trockenzeit	Primärwald
Pittospraceae *Pittosporum senacia*	Trockenzeit	KA*
Rubiaceae *Coffea dubandii*	Trockenzeit	KA*
Rubiaceae *Coptosperma spec.*	Trockenzeit	KA*
Anacardiaceae *Sorindeia madagascariensis*	Trockenzeit	KA*
Anacardiaceae *Mangifera indica*	Regenzeit	Primärwald & Sekundärwald
Anacardiaceae *Sorindeia madagascariensis*	Regenzeit	KA*
Anacardiaceae *Mangifera indica*	Regenzeit	Primärwald & Sekundärwald
Rubiaceae *Hypercanthus spec.*	Regenzeit	KA*
Fabaceae *Hymenaea verrucosa*	Trockenzeit	Primärwald & Sekundärwald
Clusiaceae *Garcinia pauciflora*	Regenzeit	Sekundärwald
Anacardiaceae *Gluta tourtour*	Regenzeit	Primärwald & Sekundärwald
Anacardiaceae *Sorindeia madagascariensis*	Regenzeit	Primärwald & Sekundärwald
Anacardiaceae *Anacardium occidentale*	Trockenzeit	Primärwald & Sekundärwald
Monimiaceae *Tambourissa masoalensis*	Trockenzeit	KA*
Annonaceae *Xylopia flexussa*	Trockenzeit	Primärwald
Euphorbiaceae *Orfilea multispicata = Lustenbergia*	Trockenzeit	Primärwald & Sekundärwald
Anacardiaceae *Mangifera indica*	Trockenzeit	KA*
Monimiaceae *Tambourissa thouveiotii*	Trockenzeit	KA*
Menispermaceae *Burasaia madagascariensis*	Trockenzeit	Primärwald
Chrysobalanaceae *Grangeria porosa*	Trockenzeit	Sekundärwald
Convallariaceae *Dracaena xiphophylla*	Trockenzeit	Primärwald & Sekundärwald
Violaceae *Rinorea arborea*	Trockenzeit	KA*
Moraceae *Treculia africana subspec.madagascariensis*	Trockenzeit	KA*
Connaraceae *Agelaea pentagytra*	Trockenzeit	Primärwald

Fortsetzung Tabelle 7.18

Futterpflanze	Zeitpunkt	Standort
Smilacaceae *Smilax kraussiana*	Regenzeit	KA*
Lauraceae *Beilschmiedia velutina*	Regenzeit	KA*
Annonaceae *Polyalthia reichardiana*	Regenzeit	Primärwald
Moraceae *Ficus soroceoides*	Regenzeit	Primärwald & Sekundärwald
Aphloiaceae *Aphloia theiformis*	Regenzeit	Sekundärwald
Araliaceae *Polyscias boivini*	Regenzeit	Primärwald & Sekundärwald
Anisophylleaceae *Anisophyllea fallax*	Regenzeit	KA*
Rubiaceae *Gaertnera spec.*	Regenzeit	Sekundärwald
Malvaceae *Grewia spec.*	Regenzeit	KA*
Fabaceae *Hymenaea verrucosa*	Regenzeit	Sekundärwald
Erythroxylaceae *Erythroxylum platycladum*	Regenzeit	Sekundärwald
Salicaceae *Ludia spec.*	Regenzeit	Sekundärwald
Boraginaceae *Ehretia cymosa*	Regenzeit	KA*
Sapindaceae *Pseudopteris decipiens*	Regenzeit	Primärwald
Salicaceae *Ludia sessiliflora*	Regenzeit	Sekundärwald
Fabaceae *Viguieranthus megalophyllos*	Regenzeit	KA*
Sapindaceae *Macphersonia gracilis*	Regenzeit	Primärwald & Sekundärwald
Clusiaceae *Garcinia pauciflora*	Regenzeit	Primärwald & Sekundärwald
Connaraceae *Rourea orientalis*	Regenzeit	KA*
Sapindaceae *Deinbollia spec.*	Regenzeit	Primärwald
Euphorbiaceae *Drypetes madagascariensis*	Regenzeit	KA*
Bambusaceae (*Graminae)Nastus spec.*	Regenzeit	KA*
Annonaceae *Monanthotaxis spec.*	Regenzeit	Primärwald & Sekundärwald
Clusiaceae *Garcinia spec.*	Regenzeit	Primärwald & Sekundärwald
Annonaceae *Monanthotaxis boivinii*	Regenzeit	Primärwald & Sekundärwald
Clusiaceae *Mammea punctata*	Regenzeit	Sekundärwald
Apocynaceae *Mascarenhasia arborescens*	Regenzeit	Primärwald & Sekundärwald
Ebenaceae *Diospyros spec.*	Regenzeit	Primärwald
Sapotaceae *Chrysophyllum spec.*	Regenzeit	Primärwald & Sekundärwald
Celastraceae *Laeseniella urceolus*	Regenzeit	KA*
Fabaceae *Caesalpinia aff. decapitala*	Regenzeit	KA*
Pandanaceae *Pandanus spec.*	Regenzeit	KA*
Fabaceae *Mucuna gigantea*	Regenzeit	KA*
Convolvulaceae *Ipomoea spec.*	Regenzeit	KA*
Fabaceae *Clitoria lasciva*	Trockenzeit	KA*
Rutaceae *Zanthoxylum tsikanirufosa*	Trockenzeit	KA*
Fabaceae *Albizia gummifera*	Trockenzeit	KA*

Fortsetzung Tabelle 7.18

Futterpflanze	**Zeitpunkt**	**Standort**
Sapindaceae *Pseudopteris decipiens*	Trockenzeit	Primärwald
Rubiaceae *Coptosperma spec.*	Trockenzeit	KA*
Apocynaceae *Petchia erythrocarpa*	Trockenzeit	Sekundärwald
Clusiaceae *Garcinia verrucosa*	Trockenzeit	Primärwald
Celastraceae *Loeseneriella spec.*	Trockenzeit	KA*
Probe (Nicht identifiziert)	Trockenzeit	Sekundärwald
Probe (Nicht identifiziert)	Trockenzeit	Sekundärwald
Probe (Nicht identifiziert)	Regenzeit	KA*
Probe (Nicht identifiziert)	Regenzeit	KA*
Probe (Nicht identifiziert)	KA*	KA*
Probe (Nicht identifiziert)	KA*	KA*
Probe (Nicht identifiziert)	Regenzeit	KA*
Probe (Nicht identifiziert)	Trockenzeit	KA*
Probe (Nicht identifiziert)	Trockenzeit	KA*
Probe (Nicht identifiziert)	Regenzeit	KA*
Probe (Nicht identifiziert)	Regenzeit	KA*
Probe (Nicht identifiziert)	KA*	KA*
Probe (Nicht identifiziert)	KA*	KA*
Probe (Nicht identifiziert)	Trockenzeit	KA*

*KA = Keine Angaben

Bei den grau markierten Pflanzen handelt es sich um Pflanzen der Kategorie „Nicht gefressen."

Tabelle 7.19: Ergebnisse Nährstoffanalysen Pflanzen Madagaskar

Futterpflanze	XA [g/kg T]	NDF [g/kg T]	ADF [g/kg T]	ADL [g/kg T]	XL [g/kg T]	N*6,25 [g/kg T]
FRUCHT Monimiaceae *Tambourissa masoalensis*	52,7	480	394	210	110	76,6
FRUCHT Leeaceae *Leea guineensis*	82,2	698	552	308	46,5	75,0
FRUCHT Malvaceae *Sterculia spec.*	68,2	609	503	283	16,3	166
FRUCHT Rubiaceae *Psychothria spec.*	61,9	672	419	90	KM*	86,6
FRUCHT Moraceae *Ficus grevei*	87,7	480	412	191	42,3	111
FRUCHT Burseraceae *Canarium madagascariensis*	54,3	627	542	300	94,1	44,1
FRUCHT Violaceae *Rinorea spinosa*	106,8	471	331	207	KM*	129
FRUCHT Anacardiaceae *Mangifera indica*	61,9	241	191	138	KM*	112
FRUCHT Monimiaceae *Tambourissa thouveiotii*	76,4	651	542	174	6,19	44,9
FRUCHT Moraceae *Ficus spec.*	53,2	519	495	259	48,6	79,6
FRUCHT Moraceae *Treculia africana subspec.madagascariensis*	56,9	555	542	292	19,7	105
FRUCHT Fabaceae *Albizia spec.*	46,2	547	493	252	21,9	96,4
FRUCHT Loganiaceae *Strychnos madagascariensis*	23,8	646	337	120	8,86	60,2
FRUCHT Passifloraceae *Passiflora incarnata*	33,7	729	644	311	74,9	71,5
FRUCHT Rubiaceae *Vanguesia madagascariensis*	30,7	420	382	240	59,4	33,0
FRUCHT Arecaceae *Elaeis guineensis*	37,7	658	470	180	4,87	30,1
FRUCHT Rubiaceae *Polysphaeria spec.*	37,6	635	471	200	7,69	39,2

Fortsetzung Tabelle 7.19

Futterpflanze	XA [g/kg T]	NDF [g/kg T]	ADF [g/kg T]	ADL [g/kg T]	XL [g/kg T]	N*6,25 [g/kg T]
FRUCHT Asclepiadaceae *Gymneina sylustre*	38,5	390	307	80	34,0	89,5
FRUCHT Myrtaceae *Psidium guajava*	28,2	766	622	265	29,8	48,4
FRUCHT Anacardiaceae *Mangifera indica*	26,7	244	108	47	17,7	31,0
FRUCHT Lauraceae *Beilschmiedia velutina*	34,2	498	403	299	13,9	91,8
FRUCHT Aphloiaceae *Aphloia theiformis*	80,8	329	267	152	107	102
FRUCHT Anisophylleaceae *Anisophyllea fallax*	29,4	538	419	235	60,3	65,1
FRUCHT Lauraceae *Cassytha filiformis*	64,2	556	380	162	KM*	109
FRUCHT Rubiaceae *Gaertnera spec.*	60,7	622	557	281	12,3	89,1
FRUCHT Erythroxylaceae *Erythroxylum platycladum*	43,7	471	421	234	KM*	111
FRUCHT Sapindaceae *Macphersonia gracilis*	45,2	674	547	308	7,41	46,5
FRUCHT Moraceae *Maillardia montana*	43,9	307	74	40	KM*	100
FRUCHT Euphorbiaceae *Margaritaria anomala*	44,3	543	403	177	45,2	60,2
FRUCHT Malvaceae *Grewia lavanalensis*	70,9	467	403	191	37,7	72,5
FRUCHT Rubiaceae *Psychothria spec.*	42,3	688	555	295	10,8	55,0
FRUCHT Malvaceae *Grewia lavanalensis*	73,5	927	480	233	27,1	120
FRUCHT Rubiaceae *Chassalia spec.*	63,5	542	411	165	KM*	144
FRUCHT Rubiaceae *Canthium spec.*	37,5	497	450	271	131	51,7
FRUCHT Arecaceae *Dypsis spec.*	32,8	789	559	131	81,8	34,3

Fortsetzung Tabelle 7.19

Futterpflanze	XA [g/kg T]	NDF [g/kg T]	ADF [g/kg T]	ADL [g/kg T]	XL [g/kg T]	N*6,25 [g/kg T]
FRUCHT Celastraceae *Brexiella spec.*	66,3	357	305	244	39,2	74,8
FRUCHT Rubiaceae *Mussaenda spec.*	54,7	485	386	208	81,9	91,6
FRUCHT Sapindaceae *Plagioscyphus jumellei*	46,8	525	409	188	7,30	55,5
FRUCHT Sapindaceae *Chouxia sorindeoides*	35,0	571	326	192	9,73	89,9
FRUCHT Rubiaceae *Hyperacanthus verrucosa*	34,7	708	619	376	18,8	82,8
FRUCHT Clusiaceae *Harungana madagascariensis*	23,0	699	455	288	76,3	63,0
FRUCHT Rubiaceae *Hyperacanthus spec.*	55,8	700	725	479	KM*	97,2
FRUCHT Rubiaceae *Gardenia rutenbergiana*	48,8	626	459	264	62,9	39,7
FRUCHT Monimiaceae *Tambourissa spec.*	44,2	789	658	271	KM*	67,9
FRUCHT Rubiaceae *Psychothria spec.*	68,0	644	404	83	KM*	92,9
FRUCHT Solanaceae *Capsicum annuum*	75,0	577	431	235	KM*	224
FRUCHT Pittospraceae *Pittosporum senacia*	101,1	KM*	KM*	KM*	KM*	40,0
FRUCHT Rubiaceae *Coffea dubandii*	59,5	KM*	KM*	KM*	KM*	118
FRUCHT Rubiaceae *Coptosperma spec.*	49,2	657	558	315	KM*	59,2
FRUCHT Anacardiaceae *Sorindeia madagascariensis*	27,9	458	262	153	18,6	58,5
FRUCHT Anacardiaceae *Mangifera indica*	30,1	196	168	124	32,5	53,9
FRUCHT Anacardiaceae *Sorindeia madagascariensis*	29,3	448	230	112	20,3	55,7
FRUCHT Anacardiaceae *Mangifera indica*	24,7	140	113	65	33,2	31,5

Fortsetzung Tabelle 7.19

Futterpflanze	XA [g/kg T]	NDF [g/kg T]	ADF [g/kg T]	ADL [g/kg T]	XL [g/kg T]	N*6,25 [g/kg T]
FRUCHT Rubiaceae *Hypercanthus spec.*	45,2	555	447	228	64,0	84,6
FRUCHT Fabaceae *Hymenaea verrucosa*	32,3	583	477	320	62,1	39,7
FRUCHT Clusiaceae *Garcinia pauciflora*	39,3	180	118	57	266	26,5
FRUCHT Anacardiaceae *Gluta tourtour*	23,1	546	113	68	14,7	18,3
FRUCHT Anacardiaceae *Sorindeia madagascariensis*	32,2	444	465	330	8,89	63,7
BLÜTE Anacardiaceae *Anacardium occidentale*	33,4	KM*	KM*	KM*	KM*	93,1
BLATT Monimiaceae *Tambourissa masoalensis*	100,5	475	330	180	KM*	178
BLATT Annonaceae *Xylopia flexussa*	43,6	292	190	81	KM*	82
BLATT Euphorbiaceae *Orfilea multispicata = Lustenbergia*	71,1	557	415	178	15,5	131
BLATT Anacardiaceae *Mangifera indica*	39,3	354	271	200	KM*	130
BLATT Monimiaceae *Tambourissa thouveiotii*	79,7	618	365	168	KM*	KM*
BLATT Menispermaceae *Burasaia madagascariensis*	43,6	558	370	133	KM*	153
BLATT Chrysobalanaceae *Grangeria porosa*	40,6	495	378	256	KM*	KM*
BLATT Convallariaceae *Dracaena xiphophylla*	145,2	506	327	82	KM*	221
BLATT Violaceae *Rinorea arborea*	84,6	642	432	247	KM*	160
BLATT Moraceae *Treculia africana subspec.madagascariensis*	104,9	506	352	188	KM*	115
BLATT Connaraceae *Agelaea pentagytra*	54,0	723	629	328	KM*	137

Fortsetzung Tabelle 7.19

Futterpflanze	XA [g/kg T]	NDF [g/kg T]	ADF [g/kg T]	ADL [g/kg T]	XL [g/kg T]	N*6,25 [g/kg T]
BLATT Smilacaceae *Smilax kraussiana*	80,4	597	406	178	KM*	169
BLATT Lauraceae *Beilschmiedia velutina*	51,8	659	546	371	KM*	117
BLATT Annonaceae *Polyalthia reichardiana*	59,0	682	514	288	KM*	121
BLATT Moraceae *Ficus soroceoides*	130,8	549	390	251	KM*	133
BLATT Aphloiaceae *Aphloia theiformis*	59,1	365	294	198	KM*	66,7
BLATT Araliaceae *Polyscias boivini*	67,4	444	387	299	KM*	130
BLATT Anisophylleaceae *Anisophyllea fallax*	79,5	435	297	147	KM*	126
BLATT Rubiaceae *Gaertnera spec.*	57,0	631	559	354	KM*	111
BLATT Malvaceae *Grewia spec.*	64,1	660	440	295	KM*	159
BLATT Fabaceae *Hymenaea verrucosa*	33,8	722	624	317	KM*	93,4
BLATT Erythroxylaceae *Erythroxylum platycladum*	48,4	525	455	258	KM*	122
BLATT Salicaceae *Ludia spec.*	61,9	529	404	208	KM*	77,4
BLATT Boraginaceae *Ehretia cymosa*	114,1	429	352	294	KM*	189
BLATT Sapindaceae *Pseudopteris decipiens*	96,4	688	544	332	24,7	118
BLATT Salicaceae *Ludia sessiliflora*	45,2	582	448	227	KM*	71,3
BLATT Fabaceae *Viguieranthus megalophyllos*	66,4	659	543	249	KM*	150
BLATT Sapindaceae *Macphersonia gracilis*	83,4	609	494	287	KM*	76,6
BLATT Clusiaceae *Garcinia pauciflora*	102,4	285	224	86	KM*	62,7

Fortsetzung Tabelle 7.19

Futterpflanze	XA [g/kg T]	NDF [g/kg T]	ADF [g/kg T]	ADL [g/kg T]	XL [g/kg T]	N*6,25 [g/kg T]
BLATT Connaraceae *Rourea orientalis*	61,1	728	469	199	KM*	KM*
BLATT Sapindaceae *Deinbollia spec.*	88,1	688	469	221	KM*	KM*
BLATT Euphorbiaceae *Drypetes madagascariensis*	71,5	605	423	184	KM*	136
BLATT Bambusaceae (*Graminae)Nastus spec.*	119,5	812	414	92	KM*	171
BLATT Annonaceae *Monanthotaxis spec.*	55,8	692	535	271	43,6	133
BLATT Clusiaceae *Garcinia spec.*	80,0	422	336	169	KM*	83,5
BLATT Annonaceae *Monanthotaxis boivinii*	58,0	649	538	302	KM*	173
BLATT Clusiaceae *Mammea punctata*	31,0	645	534	251	37,7	54,6
BLATT Apocynaceae *Mascarenhasia arborescens*	77,6	482	423	379	KM*	113
BLATT Ebenaceae *Diospyros spec.*	127,1	332	280	196	KM*	KM
BLATT Sapotaceae *Chrysophyllum spec.*	42,5	533	342	165	KM*	140
BLATT Celastraceae *Laeseniella urceolus*	142,3	568	449	123	KM*	207
BLATT Fabaceae *Caesalpinia aff. decapitala*	67,2	691	506	178	KM*	200
BLATT Pandanaceae *Pandanus spec.*	119,8	719	581	106	KM*	77,7
BLATT Fabaceae *Mucuna gigantea*	58,9	451	366	139	KM*	223
BLATT Convolvulaceae *Ipomoea spec.*	44,4	549	419	193	KM*	134
BLATT Fabaceae *Clitoria lasciva*	39,9	385	285	34	KM*	KM*
BLATT Rutaceae *Zanthoxylum tsikanirufosa*	100,4	456	326	224	KM*	KM*

Fortsetzung Tabelle 7.19

Futterpflanze	XA [g/kg T]	NDF [g/kg T]	ADF [g/kg T]	ADL [g/kg T]	XL [g/kg T]	N*6,25 [g/kg T]
BLATT Fabaceae *Albizia gummifera*	58,3	737	500	274	KM*	KM*
BLATT Sapindaceae *Pseudopteris decipiens*	100,9	699	593	388	KM*	KM*
BLATT Rubiaceae *Coptosperma spec.*	59,0	608	535	340	KM*	KM*
BLATT Apocynaceae *Petchia erythrocarpa*	96,5	490	326	284	KM*	KM*
BLATT Clusiaceae *Garcinia verrucosa*	46,9	373	305	239	KM*	65,2
BLATT Celastraceae *Loeseneriella spec.*	94,7	413	221	180	KM*	KM*
Probe (Nicht identifiziert)	64,9	277	182	142	KM*	203
Probe (Nicht identifiziert)	28,3	535	360	162	51,2	204
Probe (Nicht identifiziert)	23,7	601	491	270	59,2	44,2
Probe (Nicht identifiziert)	47,3	675	525	274	85,7	109
Probe (Nicht identifiziert)	25,1	828	600	187	12,3	41,4
Probe (Nicht identifiziert)	56,0	594	545	412	32,3	113
Probe (Nicht identifiziert)	37,9	637	546	344	17,1	94,4
Probe (Nicht identifiziert)	20,5	719	464	255	30,9	60,4
Probe (Nicht identifiziert)	46,1	648	526	316	KM*	KM*
Probe (Nicht identifiziert)	69,7	594	425	168	KM*	169
Probe (Nicht identifiziert)	114,8	590	433	246	KM*	140
Probe (Nicht identifiziert)	73,7	530	366	218	KM*	186
Probe (Nicht identifiziert)	29,4	543	401	228	KM*	KM*
Probe (Nicht identifiziert)	9,7	898	361	279	4,51	59,2

T, XA, NDF, ADF, ADL, XL,N*6,25 = vgl. Kapitel 2.1.5.2 Nährstoffanalysen

*KM = Nicht ausreichend Material für angegebene Analysen vorhanden

Bei den grau markierten Pflanzen handelt es sich um Pflanzen der Kategorie „Nicht gefressen."

Statistik Kapitel 3.1.4.3 Nährstoffzusammensetzung und Nährstoffverdaulichkeit – Vergleich Zoo Köln und Zoo Mulhouse

Zu Tabelle 3.23: Mittlere Nährstoffaufnahme pro Tier und Tag der Sclater's Makis im Zoo Köln (Gruppe K1 SM) und im Zoo Mulhouse (Gruppen M1 SM, M2 SM, MQ SM)
MANN-WHITNEY-U TEST: XA: N_1= 3, N_2= 4, U= 6, p= 1,000; ADF: N_1= 3, N_2= 4, U= 12; p= 0,057; ADL: N_1= 3, N_2= 4, U= 7,5; p= 0,629; T-TEST: NDF: t= 1,000, FG= 5, p= 0,363; N*6,25: t= 7,319, FG= 5, **p <0,001**; XL: t= 1,807, FG= 5, p= 0,131; NFC: t= -2,654, FG= 5, **p= 0,045**

Zu Tabelle 3.26: Mittlere Nährstoffverdaulichkeiten der Sclater's Makis im Zoo Köln (Gruppe K1 SM) und im Zoo Mulhouse (Gruppen M1 SM, M2 SM, MQ SM)
T-TEST: OS: t= 0,447, FG=4, p= 0,678; N*6,25: t= 2,692, FG= 4, p= 0,055; NDF: t= 1,169, FG= 4, p= 0,307; GE: t= 1,789, FG= 4, p= 0,148

Zu Tabelle 3.27: Mittlere Nährstoffaufnahme pro Tier und Tag der Kronenmakis im Zoo Köln (Gruppe K2 KM) und im Zoo Mulhouse (Gruppen M3 KM, M4 KM, M5 KM)
MANN-WHITNEY-U TEST: XA: N_1= 3, N_2= 4, U= 6, p= 1,000; ADF: N_1= 3, N_2= 4, U= 10,5, p= 0,114; ADL: N_1= 3, N_2= 4, U= 6, p= 1,000; T-TEST: NDF: t= 1,099, FG= 5, p= 0,322; N*6,25: t= 3,099, FG= 5, **p= 0,027**; XL: t= 1,409, FG= 5, p= 0,218; NFC: t= -2,655, FG= 5, **p= 0,045**

Zu Tabelle 3.30: Mittlere Nährstoffverdaulichkeiten der Kronenmakis im Zoo Köln (Gruppe K2 KM) und im Zoo Mulhouse (Gruppen M3 KM, M4 KM, M5 KM)
T-TEST: OS: t= 0,782, FG= 5, p= 0,469; N*6,25: t= 2,385, FG= 5, p= 0,063; NDF: t= 1,729, FG= 5, p= 0,144; GE: t= 1,293, FG= 5, p= 0,252

Statistik Kapitel 3.2.2.2 Nährstoffzusammensetzung der madagassischen Pflanzen

Zu Tabelle 3.34: Vergleich der mittleren Nährstoffzusammensetzung (Median) madagassischer Pflanzen, die während der Regen- bzw. Trockenzeit verfügbar waren (= Futterangebot): MANN-WHITNEY-U TEST: XA: N_1= 44, N_2= 68, U= 1290, p= 0,221; NDF: N_1= 41, N_2= 68, U= 1488,5, p= 0,557; ADF: N_1= 41, N_2= 68, U= 1440, p= 0,776; ADL: N_1= 41, N_2= 68, U= 1407, p= 0,938; N*6,25: N_1= 35, N_2= 65, U= 1193, p= 0,691; XL: N_1= 17, N_2= 31, U= 272, p= 0,863; NFC: N_1= 17, N_2= 30, U= 311, p= 0,219; Energie: N_1= 17, N_2= 30, U= 294, p= 0,394

Zu Tabelle 3.35: Vergleich der mittleren Nährstoffzusammensetzung (Median) madagassischer Pflanzen, die im Primärwald und / oder Sekundärwald wuchsen (= Futterangebot) MANN-WHITNEY-U TEST: XA: N_1= 44, N_2= 47, U= 1291,5, **p= 0,041**; NDF: N_1= 44, N_2= 47, U= 1042,5, p= 0,949; ADF: N_1= 44, N_2= 47, U= 996,5, p= 0,769; ADL: N_1= 44, N_2= 47, U= 1000,5, p= 0,793; N*6,25: N_1= 42, N_2= 42, U= 817,5, p= 0,567; XL: N_1= 23, N_2= 23, U= 305,5, p= 0,373; NFC: N_1= 23, N_2= 23, U= 252,5, p= 0,800; Energie: N_1= 23, N_2= 23, U= 264,5, p= 0,991

Statistik Kapitel 3.2.2.2 Nährstoffzusammensetzung der madagassischen Pflanzen

Tabelle 7.20: Vergleich der mittleren Nährstoffzusammensetzung (Median) des Nahrungsangebotes im Primärwald während der Regen- bzw. Trockenzeit

	N_1	Regenzeit Primärwald	25%	75%	N_2	Trockenzeit Primärwald	25%	75%	S/NS
XA	27	55,8 g/kg T	40,1	79,4	20	59,4 g/kg T	44,7	85,0	p= 0,366
NDF	27	533 g/kg T	445	680	20	537 g/kg T	478	648	p= 0,747
ADF	27	390 g/kg T	286	530	20	416 g/kg T	359	519	p= 0,414
ADL	27	244 g/kg T	166	298	20	209 g/kg T	177	265	p= 0,628
N*6,25	25	83,5 g/kg T	55,7	118,8	17	82,0 g/kg T	67,2	106,5	p= 0,990
XL	14	19,6 g/kg T	10,8	43,6	9	42,3 g/kg T	8,59	52,5	p= 0,875
NFC	14	291 g/kg T	204	437	9	279 g/kg T	244	285	p= 0,469
Energie	14	7,5 MJ/kg	4,9	9,5	9	8,1 MJ/kg	5,5	8,5	p=0,729

XA, NDF, ADF, ADL, N*6,25, XL, NFC, Energie = vgl. Kapitel 2.1.5.2 Nährstoffanalysen

25% = unteres Quartil 75% = oberes Quartil T = Trockenmasse

N_1 = Anzahl Proben Regenzeit Primärwald N_2 = Anzahl Proben Trockenzeit Primärwald

S = Signifikanter Unterschied; NS = Nicht signifikanter Unterschied

Tabelle 7.21: Vergleich der mittleren Nährstoffzusammensetzung (Median) des Nahrungsangebotes im Sekundärwald während der Regen- bzw. Trockenzeit

	N_1	Regenzeit Sekundärwald	25%	75%	N_2	Trockenzeit Sekundärwald	25%	75%	S/NS
XA	35	45,2 g/kg T	34,0	60,3	9	45,2 g/kg T	39,9	62,7	p= 0,760
NDF	35	547 g/kg T	461	646	9	495 g/kg T	471	573	p= 0,288
ADF	35	423 g/kg T	336	535	9	447 g/kg T	365	477	p= 0,930
ADL	35	251 g/kg T	152	296	9	256 g/kg T	198	288	p= 0,749
N*6,25	35	82,8 g/kg T	58,9	111,0	7	79,6 g/kg T	49,0	84,0	p= 0,437
XL	17	37,7 g/kg T	17,6	77,7	7	45,5 g/kg T	8,89	64,0	p= 0,916
NFC	17	283 g/kg T	201	385	6	280 g/kg T	251	300	p= 0,861
Energie	17	7,4 MJ/kg	5,5	9,2	6	8,1 MJ/kg	7,3	8,2	p= 0,506

XA, NDF, ADF, ADL, N*6,25, XL, NFC, Energie = vgl. Kapitel 2.1.5.2 Nährstoffanalysen

25% = unteres Quartil 75% = oberes Quartil T = Trockenmasse

N_1 = Anzahl Proben Regenzeit Sekundärwald N_2 = Anzahl Proben Trockenzeit Sekundärwald

S = Signifikanter Unterschied; NS = Nicht signifikanter Unterschied

Statistik Kapitel 3.2.2.2 Nährstoffzusammensetzung der madagassischen Pflanzen

Tabelle 7.22: Vergleich der mittleren Nährstoffzusammensetzung (Median) des Nahrungsangebotes im Primärwald während der Regenzeit mit dem Nahrungsangebot im Sekundärwald während der Regenzeit

	N_1	Regenzeit Primärwald	25%	75%	N_2	Regenzeit Sekundärwald	25%	75%	S/NS
XA	27	55,8 g/kg T	40,1	79,4	35	45,2 g/kg T	34,0	60,3	p= 0,214
NDF	27	533 g/kg T	445	680	35	547 g/kg T	461	646	p= 0,686
ADF	27	390 g/kg T	286	530	35	423 g/kg T	336	535	p= 0,541
ADL	27	244 g/kg T	166	298	35	251 g/kg T	152	296	p= 0,904
N*6,25	25	83,5 g/kg T	55,7	118,8	35	82,8 g/kg T	58,9	111,0	p= 0,881
XL	14	19,6 g/kg T	10,8	43,6	17	37,7 g/kg T	17,6	77,7	p= 0,393
NFC	14	291 g/kg T	204	437	17	283 g/kg T	201	385	p= 0,592
Energie	14	7,5 MJ/kg	4,9	9,5	17	7,4 MJ/kg	5,5	9,2	p= 0,921

XA, NDF, ADF, ADL, N*6,25, XL, NFC, Energie = vgl. Kapitel 2.1.5.2 Nährstoffanalysen

25% = unteres Quartil 75% = oberes Quartil T = Trockenmasse

N_1 = Anzahl Proben Regenzeit Primärwald N_2 = Anzahl Proben Regenzeit Sekundärwald

S = Signifikanter Unterschied; NS = Nicht signifikanter Unterschied

Tabelle 7.23: Vergleich der mittleren Nährstoffzusammensetzung (Median) des Nahrungsangebotes im Primärwald während der Trockenzeit mit dem Nahrungsangebot im Sekundärwald während der Trockenzeit

	N_1	Trockenzeit Primärwald	25%	75%	N_2	Trockenzeit Sekundärwald	25%	75%	S/NS
XA	20	59,4 g/kg T	44,7	85,0	9	45,2 g/kg T	39,9	62,7	p= 0,921
NDF	20	537 g/kg T	478	648	9	495 g/kg T	471	573	p= 0,370
ADF	20	416 g/kg T	359	519	9	447 g/kg T	365	477	p= 0,887
ADL	20	209 g/kg T	177	265	9	256 g/kg T	198	288	p= 0,423
N*6,25	17	82,0 g/kg T	67,2	106,5	7	79,6 g/kg T	49,0	84,0	p= 0,309
XL	9	42,3 g/kg T	8,59	52,5	7	45,5 g/kg T	8,89	64,0	p= 0,722
NFC	9	279 g/kg T	244	285	6	280 g/kg T	251	300	p= 0,813
Energie	9	8,1 MJ/kg	5,5	8,5	6	8,1 MJ/kg	7,3	8,2	p= 0,722

XA, NDF, ADF, ADL, N*6,25, XL, NFC, Energie = vgl. Kapitel 2.1.5.2 Nährstoffanalysen

25% = unteres Quartil 75% = oberes Quartil T = Trockenmasse

N_1 = Anzahl Proben Trockenzeit Primärwald N_2 = Anzahl Proben Trockenzeit Sekundärwald

S = Signifikanter Unterschied; NS = Nicht signifikanter Unterschied

Statistik Kapitel 3.2.2.2 Nährstoffzusammensetzung der madagassischen Pflanzen

Zu Tabelle 3.36: Vergleich der mittleren Nährstoffzusammensetzung (Median) madagassischer Pflanzen, die während der Trockenzeit verfügbar waren und von den Tieren konsumiert bzw. nicht konsumiert wurden

MANN-WHITNEY-U TEST: XA: N_1= 18, N_2= 26, U= 277, p= 0,310; NDF: N_1= 15, N_2= 26, U= 174,5, p= 0,588; ADF: N_1= 15, N_2= 26, U= 174, p= 0,579; ADL: N_1= 15, N_2= 26, U= 134,5, p= 0,104; N* 6,25: N_1= 12, N_2= 23, U= 197, **p= 0,042**; XL: N_1= 6, N_2= 11, U= 38, p= 0,651; NFC: N_1= 6, N_2= 11, U= 23, p= 0,340; Energie: N_1= 6, N_2= 11, U= 33, p= 0,960

Tabelle 7.24: Vergleich der mittleren Nährstoffzusammensetzung (Median) von Früchten madagassischer Pflanzen, die während der Trockenzeit verfügbar waren und von den Tieren konsumiert bzw. nicht konsumiert wurden

	N_1	Früchte Gefressen	25%	75%	N_2	Früchte Nicht gefressen	25%	75%	S /NS
XA	15	61,9 g/kg T	52,9	74,4	10	41,9 g/kg T	37,6	59,5	NS (p=0,056)
NDF	15	609 g/kg T	480	649	8	606 g/kg T	488	658	NS (p=0,846)
ADF	15	465 g/kg T	406	542	8	459 g/kg T	407	515	NS (p=0,974)
ADL	15	259 g/kg T	178	290	8	232 g/kg T	190	253	NS (p=0,675)
N*6,25	15	79,6 g/kg T	64,8	110,0	10	53,8 g/kg T	39,2	89,5	NS (p=0,212)
XL	10	44,4 g/kg T	16,3	62,9	6	31,9 g/kg T	7,69	59,4	NS (p=0,551)
NFC	10	243 g/kg T	181	281	6	275 g/kg T	251	448	NS (p=0,416)
Energie	10	7,2 MJ/kg	5,8	8,2	6	6,9 MJ/kg	5,3	10,4	NS (p=0,957)

XA, NDF, ADF, ADL, N*6,25, XL, NFC, Energie = vgl. Kapitel 2.1.5.2 Nährstoffanalysen
25% = unteres Quartil 75% = oberes Quartil T = Trockenmasse
N_1 = Anzahl Proben Früchte „Gefressen“ N_2 = Anzahl Proben Früchte „Nicht gefressen“
S = Signifikanter Unterschied; NS = Nicht signifikanter Unterschied

Zu Tabelle 3.37: Vergleich der mittleren Nährstoffzusammensetzung (Median) von Blättern madagassischer Pflanzen, die während der Trockenzeit verfügbar waren und von den Tieren konsumiert bzw. nicht konsumiert wurden

MANN-WHITNEY-U TEST: XA: N_1= 7, N_2= 11, U= 29, p= 0,415; NDF: N_1= 7, N_2= 11, U= 34, p= 0,717; ADF: N_1= 7, N_2= 11, U= 34, p= 0,0,717; ADL: N_1= 7, N_2= 11, U= 8,5, **p= 0,008**

Statistik Kapitel 3.3.1 Vergleich der Nährstoffzusammensetzung des Futterangebots

Tabelle 7.25: Vergleich der mittleren Nährstoffzusammensetzung (Median) von im Zoo verwendeten Gemüse und Früchten

	Gemüse ***ex situ***	**25%**	**75%**	**Früchte** ***ex situ***	**25%**	**75%**	**S/NS**
XA	87,8 g/kg T	72,6	101,1	33,9 g/kg T	28,5	42,2	**S (p=<0,001)**
NDF	159 g/kg T	123	180	111 g/kg T	85,8	172	**S (p=0,027)**
ADF	111 g/kg T	87	128	77 g/kg T	53,8	122	NS (p=0,080)
ADL	39 g/kg T	27	56	25 g/kg T	13	64	NS (p=0,482)
N*6,25	150,0 g/kg T	118,0	189,0	58,4g/kg T	31,5	113,2	**S (p=<0,001)**
XL	16,6 g/kg T	11,2	24,3	9,89 g/kg T	5,74	32,9	NS (p=0,319)
NFC	562 g/kg T	531	629	776 g/kg T	706	818	**S (p=<0,001)**
Energie	13,1 MJ/kg	12,6	13,7	15,0 MJ/kg	14,5	15,5	**S (p=<0,001)**

XA, NDF, ADF, ADL, N*6,25, XL, NFC, Energie = vgl. Kapitel 2.1.5.2 Nährstoffanalysen

25% = unteres Quartil 75% = oberes Quartil T = Trockenmasse

S = Signifikanter Unterschied; NS = Nicht signifikanter Unterschied

Tabelle 7.26: Vergleich der mittleren Nährstoffzusammensetzung (Median) madagassischer Blätter und Früchte

	Blätter ***in situ***	**25%**	**75%**	**Früchte** ***in situ***	**25%**	**75%**	**S/NS**
XA	67,2 g/kg T	53,5	96,4	45,2 g/kg T	33,7	61,9	**S (p=<0,001)**
NDF	558 g/kg T	455	659	551 g/kg T	469	654	NS (p=0,737)
ADF	415 g/kg T	335	508	420 g/kg T	334	523	NS (p=0,700)
ADL	221 g/kg T	176	287	219 g/kg T	153	282	NS (p=0,594)
N*6,25	130,0 g/kg T	90,9	159,0	72,0 g/kg T	48,4	96,4	**S (p=<0,001)**
XL	31,2 g/kg T	20,1	40,7	32,9 g/kg T	14,3	62,5	NS (p=0,852)
NFC	151 g/kg T	74	229	283 g/kg T	222	394	**S (p=0,026)**
Energie	5,7 MJ/kg	4,7	6,5	7,8 MJ/kg	5,7	9,4	NS (p=0,059)

XA, NDF, ADF, ADL, N*6,25, XL, NFC, Energie = vgl. Kapitel 2.1.5.2 Nährstoffanalysen

25% = unteres Quartil 75% = oberes Quartil T = Trockenmasse

S = Signifikanter Unterschied; NS = Nicht signifikanter Unterschied

Statistik Kapitel 3.3.1 Vergleich der Nährstoffzusammensetzung des Futterangebots

Zu Tabelle 3.37: Vergleich der mittleren Nährstoffzusammensetzung des Nahrungsangebotes im Zoo (*ex situ*) / im Freiland(*in situ*)

MANN-WHITNEY-U TEST: XA: N_1= 103, N_2= 104, U= 5040, p= 0,464; NDF: N_1= 103, N_2= 104, U= 10387,5, **p <0,001**; ADF: N_1= 102, N_2= 104, U= 10391, **p <0,001**; ADL: N_1= 98, N_2= 104, U= 10002,5, **p <0,001**; N*6,25: N_1= 97, N_2= 103, U= 6982,5, **p <0,001**; XL: N_1= 48, N_2= 102, U= 2220, p= 0,359; NFC: N_1= 47, N_2= 98, U= 4072, **p <0,001**; Energie: N_1= 48, N_2= 103, U= 4621, **p <0,001**

Zu Tabelle 3.39: Signifikante (S) bzw. nicht signifikante (NS) Unterschiede in Hinblick auf die mittlere Nährstoffzusammensetzung zwischen den Futtermittelkategorien Früchte *in situ* (im Freiland), Blätter *in situ* (im Freiland), Früchte *ex situ* (im Zoo) und Gemüse *ex situ* (im Zoo)

Früchte *in situ* ≠ Blätter *in situ*: MANN-WHITNEY-U TEST: XA: N_1= 53, N_2= 58, U= 740, **p <0,001**; NDF: N_1= 53, N_2= 58, U= 1428, p= 0,737; ADF: N_1= 53, N_2= 56, U= 1548, p= 0,700; ADL: N_1= 53, N_2= 56, U= 1395,5, p= 0,594; N*6,25: N_1=41, N_2= 58, U= 392, **p <0,001**; XL: N_1= 4, N_2= 44, U= 93,5, p= 0,852; NFC: N_1= 4, N_2= 43, U= 145, **p= 0,026**; Energie: N_1= 4, N_2= 43, U= 136, p= 0,059 (3xS, 5xNS)

Früchte *ex situ* ≠ Gemüse *ex situ*: MANN-WHITNEY-U TEST: XA: N_1= 27, N_2= 42, U= 1071, **p <0,001**; NDF: N_1= 27, N_2= 42, U= 747, **p= 0,027**; ADF: N_1= 27, N_2= 42, U= 710, p= 0,080; ADL: N_1= 27, N_2= 40, U= 595,5, p= 0,482; N*6,25: N_1= 27, N_2= 42, U= 920, **p <0,001**; XL: N_1= 27, N_2= 41, U= 633,5, p= 0,319; NFC: N_1= 24, N_2= 42, U= 114, **p <0,001**; Energie: N_1= 27, N_2= 42, U= 100, **p <0,001** (5xS, 3xNS)

Früchte *in situ* ≠ Früchte *ex situ*: MANN-WHITNEY-U TEST: XA: N_1= 27, N_2= 58, U= 1101, **p= 0,003**; NDF: N_1= 27, N_2= 56, U= 1458,5, **p <0,001**; ADF: N_1= 27, N_2= 56, U= 1444,5, **p <0,001**; ADL: N_1= 27, N_2= 56, U= 1442,5, **p <0,001**; N*6,25: N_1= 27, N_2= 58, U= 838,5, p= 0,604; XL: N_1= 27, N_2= 44, U= 799, **p= 0,015**; NFC: N_1= 24, N_2= 43, U= 58, **p <0,001**; Energie: N_1= 27, N_2= 43, U= 46, **p <0,001** (7xS, 1xNS)

Früchte *in situ* ≠ Gemüse *ex situ*: MANN-WHITNEY-U TEST: XA: N_1= 42, N_2= 58, U= 324,5, **p <0,001**; NDF: N_1= 42, N_2= 56, U= 2301, **p <0,001**; ADF: N_1= 42, N_2= 56, U= 2236,5, **p <0,001**; ADL: N_1= 40, N_2= 56, U= 2194, **p <0,001**; N*6,25: N_1= 42, N_2= 58, U= 271,5, **p <0,001**; XL: N_1= 41, N_2= 44, U= 1261, **p= 0,002**; NFC: N_1= 42, N_2= 43, U= 131, **p <0,001**; Energie: N_1= 42, N_2= 43, U= 139, **p <0,001** (8xS)

Blätter *in situ* ≠ Früchte *ex situ*: MANN-WHITNEY-U TEST: XA: N_1= 27, N_2= 53, U= 1300, **p <0,001**; NDF: N_1= 27, N_2= 53, U= 1397, **p <0,001**; ADF: N_1= 27, N_2= 53, U= 1413, **p <0,001**; ADL: N_1= 27, N_2= 53, U= 1390, **p <0,001**; N*6,25: N_1= 27, N_2= 41, U= 851, **p <0,001**; XL: N_1= 4, N_2= 27, U= 30, p= 0,166; NFC: N_1= 4, N_2= 24, U= 92, **p= 0,004**; Energie: N_1= 4, N_2= 27, U= 108, **p= 0,002** (7xS, 1xNS)

Blätter *in situ* ≠ Gemüse *ex situ*: MANN-WHITNEY-U TEST: XA: N_1= 42, N_2= 53, U= 801,5, **p= 0,020**; NDF: N_1= 42, N_2= 53, U= 2222,5, **p <0,001**; ADF: N_1= 42, N_2= 53, U= 2226, **p <0,001**; ADL: N_1= 40, N_2= 53, U= 2097, **p <0,001**; N*6,25: N_1= 41, N_2= 42, U= 1066, p= 0,062; XL: N_1= 4, N_2= 41, U= 38, p= 0,083; NFC: N_1= 4, N_2= 42, U= 168, **p= 0,001**; Energie: N_1= 4, N_2= 42, U= 168, **p= 0,001** (6xS, 2xNS)

8 Danksagung

Ich möchte Herrn Prof. Dr. Hynek Burda vom Institut für Biologie, Abteilung Allgemeine Zoologie der Universität Duisburg-Essen herzlichst für die Betreuung dieser Arbeit danken. Mein Dank gilt ebenfalls allen anderen Mitarbeitern des Instituts.

Besonderer Dank gilt dem Kölner Zoo und dem Parc Zoologique et Botanique de Mulhouse, Sud-Alsace, Frankreich, insbesondere den Tierpflegerinnen und Tierpflegern, die das Gelingen dieser Arbeit überhaupt erst möglich gemacht haben.

Ich möchte Herrn Dr. Christoph Schwitzer sowie Frau Nora Schwitzer dafür danken, dass sie mir das Freiland-Probenmaterial zur Verfügung gestellt haben. Ebenso sei den folgenden Organisationen für die finanzielle Unterstützung der Freilandarbeit gedankt: AEECL, Margot Marsh Biodiversity Foundation und CI Primate Action Fund. Besonders dankbar bin ich Herrn Dr. Christoph Schwitzer für die intensive Betreuung der Arbeit.

Außerordentlicher Dank gilt Herrn Prof. Dr. Karl-Heinz Südekum vom Institut für Tierwissenschaften, Abteilung Tierernährung der Landwirtschaftlichen Fakultät der Rheinischen Friedrich-Wilhelm-Universität, Bonn, der es mir ermöglichte, die Nährstoffanalysen meiner Proben in seinem Labor durchzuführen. Dank gilt auch allen anderen Mitarbeitern des Instituts, insbesondere Herrn Dr. Jürgen Hummel und Patrick Steuer für ihre unermüdliche Hilfe, vor allem in den letzten Wochen, und ihre spontane Lesebereitschaft. Zudem möchte ich meiner Mitfahrgelegenheit nach Bonn, Ute Heiden, danken.

Schließlich möchte ich den Kollegen der Arbeitsgruppe Kölner Zoo, besonders meiner Freundin Stephanie Hoffmann, für Ihre Ratschläge und „offenen Ohren“ danken. Schlussendlich möchte ich meiner Familie, vor allem meinen Eltern Elke und Christian Polowinsky, und in besonderem Maße meinem Lebensgefährten Patrick Appelhans für die fortwährende Unterstützung meines Promotionsvorhabens, besonders in den letzten Tagen und Nächten vor Abgabe dieser Arbeit, danken.

Printed by Books on Demand GmbH, Norderstedt / Germany